Research and Technology in Graphic Engineering and Design at the Universitat Politècnica de Catalunya

Departament d'Enginyeria Gràfica i de Disseny - UPC

Terrassa, febrer de 2022

Research and Technology in Graphic Engineering and Design at the Universitat Politècnica de Catalunya

Editors: Jose Luis Lapaz Castillo, Oscar Farrerons Vidal, Noelia Olmedo Torre

www.omniascience.com

DOI: https://doi.org/10.3926/ege2022

ISBN: 978-84-123480-7-1

Disseny de coberta: OmniaScience

Índex

Pròleg

El Departament d'Enginyeria Gràfica i de Disseny (DEGD) de la Universitat Politècnica de Catalunya (UPC BarcelonaTech) combina la docència, la recerca, la transferència de tecnologia i el desenvolupament de projectes amb les empreses i la nostra societat. El DEGD està obert a professors d'altres departaments, amb qui col·labora en la recerca, igualment com amb d'altres universitats.

En els capítols que podeu llegir en aquest llibre es mostren alguns exemples de l'extensa i variada feina que es du a terme al DEGP. Una activitat acadèmica que inclou investigació avançada i pluridisciplinar, innovació en la docència amb un bon ventall de tècniques de creativitat i l'ús de les millors eines de coneixement.

Cindy Ramírez, Albert Turon, Olga Alcaraz i Bàrbara Sureda comparen en el capítol primer si les Contribucions Determinades a Nivell Nacional (NDC) presentades pels països llatinoamericans s'alineen amb l'objectiu de temperatura a llarg termini d'1.5°C de l'Acord de París. Conclouen que aquests països consumiran l'any 2030 el 68 % del pressupost d'emissions assignat amb el Model de Justícia Climàtica fins a finals de segle, i que aquest percentatge es podria reduir si s'aconsegueixen els compromisos condicionals presents a les NDC's que requereixen ajuda estrangera.

En el segon capítol Noelia Olmedo, Rosó Baltà, Marta Peña i Luis Mujica aporten evidències sobre aspectes relacionats amb l'aprenentatge i el seu efecte en el confinament degut a la COVID-19 a l'assignatura d'Expressió Gràfica mitjançant una enquesta transversal realitzada amb un grup d'estudiants durant el període pandèmic. La seva recerca identifica bones pràctiques que seran valuoses per a l'ensenyament a distància i l'educació en enginyeria més enllà de la situació de pandèmia.

Oscar Farrerons i Iván Roldán ens expliquen, en el següent capítol, la metodologia seguida per al disseny d'un carenat de competició MotoStudent, treballant el disseny de superfícies mitjançant splines i procedint a una successió d'interaccions fins a aconseguir optimitzar i reduir el pes del prototip, aconseguint gran part de l'èxit de l'esquit ePowered RACING de l'Escola d'Enginyeria de Barcelona Est.

Elisabet Quintana, Cristina Valls i M. Blanca Roncero, del grup de Recerca d'Enginyeria Paperera, mostren al quart capítol el potencial de la cel·lulosa en la indústria tèxtil, que permetrà substituir en part les matèries primeres actuals, ja que, tan el cotó com els derivats del petroli, tenen un impacte mediambiental negatiu, essent la indústria tèxtil i de la moda el segon sector industrial més contaminant.

Al cinquè capítol Oscar Farrerons ens explica com el departament de Projectes de l'antiga EUETIB va ser dels primers centres universitaris a Espanya que va apostar per treballar amb programari CAD paramètric, variacional i associatiu en l'assignatura de Dibuix, i va esdevenir, d'aquesta manera, un dels pioners en implementar el programari

SolidWorks (SW) en l'aprenentatge de l'Enginyeria Gràfica. Trenta anys després l'EEBE continuat treballant els projectes amb SW, i ens mostra un recopilatori virtual de projectes d'enginyeria.

Julia Fernández-Santos, Cristina Valls, Oriol Cusola i M. Blanca Roncero ens expliquen, al sisè capítol, com s'han obtingut films amb propietats barrera avançades a partir de barrejar nano cel·lulosa cristal·lina amb nano cel·lulosa fibril·lar (CNF) i el derivat cel·lulòsic carboximetilcel·lulosa, per tal d'aplicar-los com a possibles substituts del plàstic a la indústria de l'envasat d'aliments.

José Luis Lapaz, Cesc Mestres i Bernat Faura, teoritzen en els quatre següents capítols sobre el traçat de corbes equidistants i la seva aplicació en la resolució de problemes de tangències. Ho fan en quatre parts diferents, en problemes de llocs geomètrics (LLGG) de les distàncies a una entitat simple; (LLGG) de les equidistàncies entre 2 entitats simples; (LLGG) de les equidistàncies entre 3 entitats simples; i (LLGG) de les distàncies i equidistàncies a entitats simples. A la part final, ho completen amb la justificació del tipus de corbes obtingudes.

En el onzè capítol Noemi Huete, Oriol Cusola i M. Blanca Roncero, mostren com la nano cel·lulosa és una possible alternativa als materials derivats de recursos fòssils, ja que té excel·lents propietats barrera i mecàniques. La nano cel·lulosa cristal·lina (CNC) pot funcionar bé com a recobriment per millorar propietats de substrats paperers. Aquest capítol desenvolupa el procés que duen a terme al laboratori per estucar amb CNC com a material de recobriment de la forma més efectiva i eficient possible.

Sílvia Escursell i M. Blanca Roncero, del Paper Engineering Research Group, juntament amb Pere Llorach-Massana de Elisava (UVic-UCC) exposen al capítol dotzè que les tecnologies disponibles actualment permeten trobar noves alternatives per augmentar la creativitat de manera sostenible i conscient a l'hora de concebre productes i la seva producció. Es proposen repensar nous materials i processos de producció per al packaging e-commerce.

Cesc Mestres i Jose Luis Lapaz es fan ressò de com han impactat socialment el espais de fabricació additiva a les ciutats, quin és el seu origen i com s'estan utilitzant. En aquest capítol els autors reflexionen sobre com els docents han d'estar atents en mostrar totes les oportunitats que ofereix la convivència d'escenaris: la fabricació digital versus la fabricació tradicional.

Al capítol catorzè, altre vegada Mestres i Lapaz repassen la trajectòria de la impressió 3D. Els autors descriuen quins són les principals característiques que ajudaran a seleccionar aquests processos industrials per aportar valor a la fabricació de productes, però sense oblidar les limitacions actuals que fan que la selecció d'aquestes tecnologies no siguin les més òptimes. També afegeixen exemples de reptes de productes solucionats amb fabricació additiva metàl·lica proposats als estudiants del Màster Universitari en Estudis Avançats en Disseny-Barcelona.

Els professors de l'EEBE Sergio Gómez, Daniela Vlad, José López i Enrique Fernández proposen, al quinzè capítol d'aquest llibre, nous mètodes de disseny de bastides poroses a partir de l'aplicació de programari de lliure ús Grasshopper, amb l'objectiu de dissenyar models amb porositat variable i interconnectada semblant al teixit trabecular ossi. Ens mostren els processos de creació paramètric tridimensional de models porosos i la seva aptitud per emplenar la forma interna del macro defecte ossi adaptat a les necessitats específiques del pacient.

Al setzè capítol, Bernat Faura, José Luis Lapaz i Javier Peña, analitzen els reptes i les oportunitats del coneixement Matèric en alumnes K5-K12, mitjançant un estudi de l'estat de l'art. S'explica la problemàtica associada al coneixement de la Matèria i els elements de taula periòdica actualment, alhora que s'analitzen corrents pedagògics innovadors actuals per tal de trobar experiències i investigacions destacades.

Finalment, en el darrer capítol, escrit per Inés Ylla, Hugo Escolà, Miguel Ángel Sánchez i Francisco Bermúdez, exposen el projecte realitzat per a una coneguda marca del sector alimentari que, a més d'un redisseny dels seus envasos, ha requerit la realització d'una investigació exhaustiva en les característiques i el comportament dels biopolímers per adequar-se a les funcions pròpies dels envasos rígids.

Gener 2022

Jose Luis Lapaz,
Director departament d'Enginyeria Gràfica i Disseny

Oscar Farrerons,
Sotsdirector departament d'Enginyeria Gràfica i Disseny

Noelia Olmedo Torre,
Secretària departament d'Enginyeria Gràfica i Disseny

Equitable mitigation to achieve the 1.5°C goal in Latin America countries

Cindy Ramírez
Albert Turon
Olga Alcaraz
Bàrbara Sureda
Group on Governance of Climate Change of the Research Group on Sustainability, Technology and Humanism. EEBE – UPC.

Resum

L'impacte del canvi climàtic a la regió llatinoamericana s'ha fet evident, afectant els recursos naturals i retardant el desenvolupament sostenible. Per als països d'aquesta regió, assolir l'objectiu de temperatura a llarg termini d'1.5°C de l'Acord de París és fonamental donada la seva alta vulnerabilitat i baixa capacitat de adaptació al canvi climàtic.
Aquest article pretén comparar si les Contribucions Determinades a Nivell Nacional (NDC) presentades pels països llatinoamericans s'alineen amb l'objectiu de temperatura a llarg termini d'1.5°C de l'Acord de París. Per a l'anàlisi, les emissions acumulades del període 2010-2100 es reparteixen entre els països llatinoamericans utilitzant criteris de responsabilitat històrica i igualtat, integrats en el Model de Justícia Climàtica (MJC), obtenint els pressupostos d'emissions. Aquest pressupost d'emissions assignat es comparat, posteriorment, amb les emissions acumulades implícites dins les NDC presentades pels països llatinoamericans.
De l'anàlisi de les NDC llatinoamericanes s'han obtingut dues conclusions principals. En primer lloc, els països llatinoamericans en conjunt consumiran l'any 2030 el 67.8 % del pressupost d'emissions assignat amb el MJC fins a finals de segle. En segon lloc, aquest percentatge es podria reduir si s'aconsegueixen els compromisos condicionals presents a les NDCs que requereixen ajuda estrangera i si, a més, els països que consumiran el total del pressupost d'emissions són

capaços d'augmentar per l'any 2030 l'ambició en els seus compromisos de mitigació a les NDCs revisades.

Abstract

Climate change impacts in Latin America are becoming catastrophic, affecting natural resources and infrastructure and causing setbacks on its people's sustainable development. For countries within this region, achieving the 1.5°C long-term temperature goal of the Paris Agreement is critical mainly because of its high vulnerability and low adaptation capacity to climate change.
The analysis in this article aims to compare if the Nationally Determined Contributions (NDC) submitted by Latin American countries align to the Paris Agreement's 1.5°C long-term temperature goal. For the analysis, cumulative emissions for the 2018-2100 period are allocated among Latin American countries with historical responsibility and equality criteria integrated into the Model of Climate Justice (MCJ), and finally obtaining emissions budgets. Therefore, the allocated emissions budgets with the MCJ are then compared with cumulative emissions implied in the NDCs submitted by Latin American countries.
Two main conclusions were obtained from the Latin American NDCs analysis. First, Latin American countries as an aggregated will consume by 2030, 67.8 % of the emissions budget allocated with the MCJ throughout the end of the century. Second, this percentage could be reduced if conditional commitments within the NDC that require foreign aid are achieved, and countries that will consume the total of their emissions budget by 2030 are able to increase ambition in their mitigation commitments within reviewed NDC.

1. Introduction

The Latin American region is vulnerable to climate change impacts due to its climatic, geographical, and sociodemographic situations. During the last years, these impacts have become more evident. Climate change in this region is associated with the variability and intensification of natural phenomena such as hurricanes, tropical cyclones, the Niño-Southern Oscillation, the North and South American monsoon system, and the Atlantic Ocean oscillations. It is also associated with rising sea levels, increases in precipitation, and droughts (Barcena et al., 2020; IPCC, 2014). Mitigating and adapting to climate change are not the only challenges for LA countries; the region still has socioeconomic matters that need to be addressed. These matters include slow economic growth, poverty, and income inequality (ECLAC, 2020; International Monetary Fund, 2020).

Latin American countries had shown the will to fight against climate change and submitted their first NDC within the Paris Agreement (PA) framework. The agreement establishes two long-term temperature goals to address climate change: maintaining average temperature increase below 2 °C and pursuing efforts to limit it to 1.5°C with respect to preindustrial levels. The PA also establishes that climate change mitigation efforts should be based on equity and the principle "common, but differentiated responsibilities and respective capabilities in the light of different national circumstances" (CBDR&RC) originated in the United Nations Framework Convention on Climate Change (UNFCCC).

Countries' Nationally Determined Contributions (NDC) are the essential PA's bottom-up strategy to achieve the aforementioned long-term temperature goals. The Synthesis Report published by the UNFCCC Secretariat during the first quarter of 2021 assesses the aggregated effect of the 48 NDCs updated through the end of 2020. These 48 NDC represent 75 Parties responsible for 30 % of greenhouse gasses (GHG) emissions. The Synthesis Report confirmed that these countries' aggregated NDC's compared with previous versions increased by 2.8% the emissions expected for 2030. Furthermore, this report emphasizes the results of the IPCC's Special Report: Global Warming of 1.5C (SR1.5). The SR1.5 establishes that in order not to exceed the 1.5 °C temperature threshold, anthropogenic CO2 net emissions should decrease approximately 45 % by 2030 compared to 2010 levels (UNFCCC, 2021).

Based on the recent results of the Secretariat's Synthesis Report, we considered as urgent to propose an analysis that could ensure generating strategies to increase NDCs' ambition in order to close the disparity between the recently updated NDCs and the long-term temperature goal of the PA. Such analysis needs to consider geographic regions integrated by countries willing to cooperate and implement joint climate change mitigation strategies beyond individual actions (Alcaraz et al., 2021). Taking into account the LA region's political will to tackle climate change during recent years, we consider that the proposed analysis based on climate justice principles for LA countries' current NDCs will be of particular interest to policymakers.

Several studies of equitable GHG emissions allocations consider one or a few Latin-American countries and their NDCs' compatibility in achieving the PA long-term goals (CAT, n.d.; Climate and Energy College, n.d.; Climate Change Authority, 2014; Pan et al., 2017; Robiou Du Pont et al., 2017; UNEP, n.d.). Nevertheless, there is a considerable deficiency of studies that consider the majority of LA countries. The analysis described in this article aims to study if the NDCs presented by the aggregate of 21 Latin American countries are fair and ambitious in a mitigation scenario compatible with the 1.5°C global long-term temperature goal. The Model of Climate Justice (MCJ) Alcaraz et al. (2018) will be used for this analysis. The MCJ applies equality and historical responsibility criteria to distribute the future cumulative emissions available for countries in a scenario compatible with the 1.5°C global long-term temperature goal. Therefore, the allocated emissions budget obtained with the MCJ is compared with the budget consumed according to the LA NDCs. Therefore, based on this comparison and countries' current circumstances, strategies to increase ambition under climate justice principles can be assessed for LA regionally and nationally.

2. Methodology

2.1. Studied countries

Twenty-one Latin American countries are considered in this analysis. These countries with their respective World Bank's income classifications for 2021 are the following: a) Lower-middle income countries: Bolivia, El Salvador, Guatemala, Honduras, and Nicaragua. b) Upper-middle income countries: Argentina, Belize, Brazil, Colombia, Costa Rica, Ecuador, Guyana, Mexico, Panama, Paraguay, Peru, Suriname, and Venezuela. c) High-income countries: Chile and Uruguay.

Regarding preliminary assessment in data, it is essential to mention that we have detected abnormally high emissions of hydrofluorocarbons (HFCs) gases for Bolivia in the data obtained from the PRIMAP-hist excluding Land Use, Land Use Change, and Forestry (LULUCF) (Gütschow et al., 2019). Considering this detection, we excluded the HFCs gasses from the analysis for Bolivia.

2.2. The Model of Climate Justice

The Model of Climate Justice (MCJ) (Alcaraz et al., 2018) in this analysis allocates the GHG cumulative emissions for the 2018-2100 period for the 21 Latin American countries described in the section above. The allocation made with the MJC is compatible with the global emission scenario limiting the temperature increase to 1.5°C with respect to preindustrial levels. This scenario is the RCP1.9 IMAGE 3.0.1 SSP1-19 for Kyoto Gases (excluding CO2 from Land-use) published by IIASA (van Vuuren et al. 2017; IIASA and IAMC 2019). Two data sets are also included in the MCJ calculations: the GHG historical emissions data are obtained from the PRIMAP-hist dataset excluding emissions from Land Use, Land Use Change, and Forestry (LULUCF) (Gütschow et al. 2019), historical population data and prospects are obtained from UNDESA medium variant scenario (UNDESA, 2019).

Using equality and historical responsibility criteria, the MCJ allocates future GHG emissions for 2018-2100. These criteria are published in the Fifth Assessment Report (AR5) as equity principles within climate change mitigation action (IPCC 2014c). The MCJ allocates the same quantity of emissions per capita for all countries. Then the model corrects the allocation based on countries' historical responsibility. Consequently, the MCJ allocates more per capita and total emissions to countries with fewer emissions than the world average for the historical period and vice-versa, fewer emissions to those countries above the historical world average. We recommend reading Annex I contained in the supplementary electronic material of the O. Alcaraz et al. (2018) paper for reference on the mathematical detail of the MCJ.

Historical responsibility considered in the MCJ for this analysis begins in 1994. The year to consider the beginning of historical responsibility is frequently debated, and there is no clear consensus (Müller et al., 2009; Rocha et al., 2015). 1994 was selected since it was when the UNFCCC entered into force.

The allocations with the MCJ for this analysis are the cumulative emissions budgets based on equity criteria to be consumed between 2018 and 2100 for Latin American countries at an individual and regional level. These results are then compared with the estimated cumulative emissions implied by the studied LA countries' NDCs during the 2018-2030 period.

2.3. The NDCs

This analysis considers the NDCs version submitted by every country until January 2021, which includes countries updates during 2020 (UNFCCC). Ending December 2020, only ten LA countries fulfilled the requirements from the PA's article 24 by submitting their 2020 NDC update. An estimated value of emissions in 2030 for each NDC is needed previously to determine the cumulative emissions that the NDCs imply for 2018-2030.

Our methodology to obtain the resulting emissions for 2030 from each NDC is based on countries' type of commitment. After estimating country's emissions through 2030, a linear trajectory is assumed between the last year of historical data, 2017 and 2030. Cumulative emissions are then obtained by adding yearly emissions for each country between 2018-2030. For countries with emissions reduction targets for 2025 instead of 2030, the emissions value for 2025 is calculated based on their objective type; and a linear trajectory between 2025 is constructed to define emissions in 2030.

3. Results and discussion

3.1. Cumulative emissions allocated to LA countries with the MCJ

Figure 1 indicates historical cumulative emissions for the 1994-2017 period and the future cumulative emissions for the period 2018-2100 allocated by the MCJ, considering equity criteria and compatible with the RCP 1.9 global mitigation scenario.

The MCJ allocates 65.43 $GtCO_{2eq}$ to the aggregated 21 LA countries considered for the 2018-2100 period (Figure 1). This quantity in percentage is similar to the quantity from the analyzed historical period (1.80 % higher). The resulting quantities may give the false idea that achieving the 1.5 °C target does not require critical emissions reduction for the LA region. This idea is why we must underline that 65.43 $GtCO_{2eq}$ is the cumulative emissions budget available for the next 83 years (2018-2100). Practically the same amount (64.28 $GtCO_{2eq}$) was emitted during a historical period of only 24 years (1994-2017). In other words, annual emissions for the future period would be 0.79 $GtCO_{2eq}$/year, contrasting with those from the historical period with 2.7 $GtCO_{2eq}$/year.

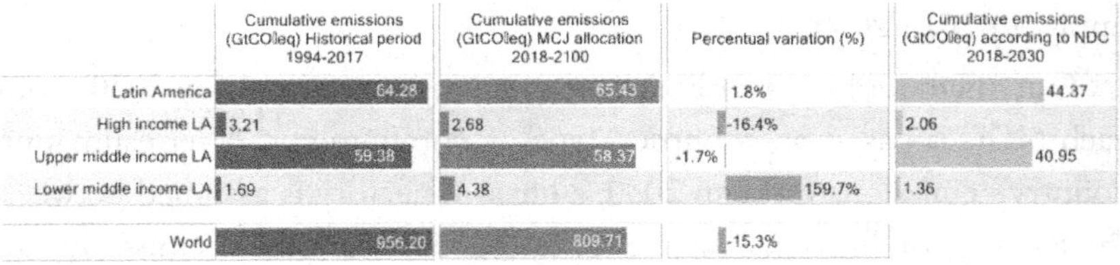

Figure 1. The first column indicates historical cumulative emissions (1994-2017) for Latin American countries. The second column indicates the cumulative emissions allocated in 2018-2100 by the Model of Climate Justice. The third column contains the variation in percentage between historical and future emissions. Finally, the fourth column indicates the cumulative emissions implied by Latin American NDCs for 2018-2030.
Source: own elaboration

Figure 1 compares historical cumulative emissions with future cumulative emissions allocated by the MCJ for the Latin American aggregate. Significant differences between countries can also be observed. Taking as a reference that the world's cumulative emissions for 2018-2100 will be -15.3 % compared to the historical period 1994-2017, we identified three groupings of countries for the region:

- Countries with a future cumulative emissions allocation lower than -15.3 % compared to the historical cumulative: Argentina (-44.7 %), Paraguay (-24.0 %), Uruguay (-72.1), and Venezuela (-59.6 %). These countries' future mitigation efforts should be higher than the global average.
- Countries with future emissions budgets lesser than the historical cumulative emissions (1994-2017), nonetheless their emissions reduction efforts can be less than the world average (more than -15.3 %): Chile (-7.5 %), Mexico (-9.3 %), and Suriname (-14.8 %). These countries' per capita emissions are higher than the LA average but below the world average.

- Countries with cumulative emissions for the future similar to those from the historical period: Brazil is the only country in this group. Brazil's per capita emissions are lower than the world average and slightly higher than the Latin American average.
- Countries with an emissions budget (2018-2100) larger than the cumulative emissions released in 1994-2017. In this group, there are 12 of the 21 countries analyzed:
  - Countries that have increased allocated emissions between 3.5 % and 100 %: Bolivia, Colombia, Costa Rica, Ecuador, Guyana, Panama, and Peru. These countries have historical cumulative emissions per capita below the Latin American and world averages. Guyana has the highest poverty ratio and lowest Human Development Index (HDI) within these countries. Panama has the second-highest Gross Domestic Product (GDP) per capita in the region, and Colombia and Costa Rica, are among those countries in the regions with the highest levels of inequality.
  - Countries with more than 100 % allocated emissions: Guatemala, Honduras, El Salvador, Nicaragua, and Belize. These countries have cumulative emissions per capita far below the LA and world averages. This group includes three of the lower-middle-income countries located in Central America. The countries in this group have the lowest HDI scores of the region, below the world and LA averages.

3.2. Analysis of the Latin American NDCs

For this analysis, the cumulative emissions implied in the 2030 commitments within LA countries' NDC are compared with the total cumulative emissions for 2018-2010 allocated with the MCJ. This comparison will allow observing if the NDCs align with the 1.5°C global temperature goal (Figure 2).

Results indicate that based on LA's countries' aggregated unconditional commitments, the region will consume 67.8 % of the total emissions allocated until 2100 by 2030. In contrast, this percentage is reduced by 64.7 % if the conditional commitments considered in the NDCs are met (Figure 2).

Although these percentages are high, they are lower than those of other regions studied, such as the Mediterranean (Alcaraz et al., 2021). According to the results, LA countries can align towards the 1.5°C goal if those who made conditional commitments can receive the foreign aid required to achieve them. Moreover, it is necessary to promote cooperation mechanisms around climate actions and access finance and low-GHG-emission technologies for countries in this region.

In terms of regional income groups, there are significant differences between countries with lower-middle-income and others with higher income. Lower-middle-income countries will only consume 31.1 % of the emissions budget allocated by the MCJ; upper-middle and high-income countries will consume 70.2 % and 76.8 %, respectively. The allocations

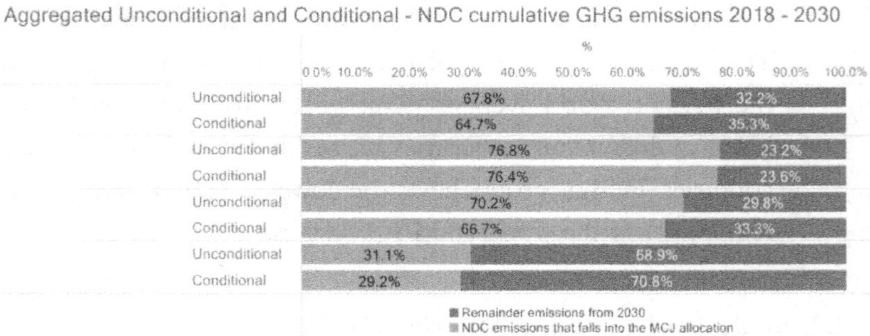

Figure 2. Aggregates for the Latin America region and countries grouped by World Bank's income classifications. The orange bar indicates the percentage within the MCJ's allocation. The percentage indicated by the blue bar belongs to the remaining emissions countries starting in 2030 until 2100.
Source: Own elaboration

for lower-middle-income may seem exaggerated. Nevertheless, we should recall that these countries have the most significant development challenges in the region. Moreover, these countries with a high climate risk index must seek to adapt to the climate change impacts they are already suffering (Eckstein et al., 2021). Consequently, they are likely to require and consume their available emissions budget during the following decades.

The analysis also allowed us to observe the carbon budget percentages consumed by 2030 by Latin American countries based on their NDC's commitments:

- Argentina, Uruguay, Paraguay, and Venezuela will consume more than the total emissions assigned by the MCJ under equity criteria. These countries should consider increasing their NDC's ambition to align with the 1.5°C global temperature goal.
- Bolivia, Brazil, Chile, Ecuador, Guyana, Mexico, Panama, Peru, and Suriname will spend between 40 % and 100 % of their cumulative emissions budget. These countries could submit more ambitious NDCs aligned with the 1.5°C goal and ensure their people's sustainable development.
- Belize, Colombia, Costa Rica, El Salvador, Guatemala, Honduras, and Nicaragua will spend by 2030 less than 40 % of the cumulative emissions allocated by the MCJ. Based on the MCJ allocations, these countries will be able to rely on about 60 % of their allocated emissions after 2030. They could use their carbon share to ensure their population's economic growth and sustainable development.

4. Conclusions

The Latin American region faces the challenge of advancing towards sustainable development under particular circumstances such as high poverty and inequality levels. Additionally, the region is highly vulnerable to climate change impacts, and promoting climate adaptation and resilience of its people is urgently needed. Moreover, countries in this region need to attend to their commitments within the Paris Agreement and its 1.5°C long-term stabilization temperature goal prioritizing sustainable development.

The analysis of the cumulative emissions allocations obtained with the MCJ for 2018- 2100 indicates that the Latin American region could face years to come with a similar emissions budget. This similarity is precisely 1.80 % higher than the historical cumulative emissions (1994-2017). Emissions per capita in the Latin American region are below the world average. Regarding countries' results, Argentina, Paraguay, Uruguay, and Venezuela will have to face a future with reduced emission budgets during 2018-2100 compared to their historical emissions from 1994-2017, which is higher than the world's average reduced emissions. Chile, Mexico, and Suriname could have emissions budgets slightly higher than the world average. Brazil is the only country with allocated emissions for the future equal to the historical period (1994-2017).

Regarding the consumption of the emissions budgets implied in the NDCs submitted by LA countries, the region will have consumed 67.8 % of the emissions budget allocated with the MCJ by 2030. This percentage is relatively high and could be reduced to 64.7 % if the commitments conditioned by receiving foreign aid are achieved. The 67.8 % could also be reduced if, throughout 2021, countries review and increase the ambition in their NDC, especially those that will have consumed the entire emissions budget allocated by the MCJ (Argentina, Paraguay, Uruguay, and Venezuela). These actions will allow the region to be on the path to achieving the Paris Agreement global temperature goal.

Beyond the results described in this article, we argue that the emissions budget should be inherent to NDCs. This assessment of the cumulative emissions during each NDC implementation period allows estimating the contribution to the increase in global temperature from an environmental integrity perspective (Matthews et al., 2020). With efforts towards a strengthened, transparent, and more ambitious implementation of the Paris Agreement, countries must be able to set their mitigation goals by quantifying the emissions budget they will use. Such quantification will allow developing countries to declare the atmospheric space considered theirs from a fairness perspective and guarantee the right to sustainable development and achievement of human rights. Additionally, the emissions budget allows monitoring the emissions remaining compatible with the 1.5 °C temperature goal at a world level. Furthermore, when this budget runs out, it will evidence the enormous responsibility that will be passed to future generations; this constitutes a severe challenge for intergenerational equity.

Lastly, the COVID-19 global health crisis requires the genesis of national agreements that generate opportunities to endorse systemic transformations that enable Latin America and the world to face climate change aligned with the IPCC's recent warnings. Latin America should legitimize its low historical responsibility in the climate change crisis and begin the sustainable development required to address inequities.

References

Alcaraz, O., Buenestado, P., Escribano, B., Sureda, B., Turon, A., & Xercavins, J. (2018). Distributing the Global Carbon Budget with climate justice criteria. *Climatic Change*, 149(2), 131–145. https://doi.org/10.1007/s10584-018-2224-0

Alcaraz, O., Sureda, B., Turon, A., Ramírez, C., & Gebellí, M. (2021). Equitable mitigation to achieve the 1 . 5 ° C goal in the Mediterranean Basin. *Climatic Change*, 165(62), 1–20. https://doi.org/10.1007/s10584-021-03070-8

Barcena, A., Samaniego, J., Peres, W., & Alatorre, J. E. (2020). *The climate emergency in Latin America and the Caribbean: the path ahead – resignation or action?* (ECLAC Book). Economic Commission for Latin America and the Caribbean (ECLAC).

CAT. (n.d.). *Home | Climate Action Tracker*. Retrieved August 10th, 2020, from https://climateactiontracker.org/

Climate and Energy College. (n.d.). *NDC & INDC Factsheets | Climate and Energy College*. Retrieved August 10th, 2020, from http://climatecollege.unimelb.edu.au/ndc-indc-factsheets

Climate Change Authority. (2014). Reducing Australia's Greenhouse Gas Emissions: Targets and Progress Review—Final Report. In *Climate Change Authority, Melbourne* (Issue February). http://scholar.google.com/scholar?hl=en&btnG=Search&q=intitle:Reducing+Australia+?+s+Greenhouse+Gas+Emissions+?+Targets+and+Progress+Review+final+Report#4

Eckstein, D., Künzel, V., & Schäfer, L. (2021). *Global climate risk index 2021.* http://germanwatch.org/en/download/8551.pdf

ECLAC. (2020). *Preliminary Overview of the Economies of Latin America and the Caribbean.*

Gütschow, J., Jeffery, L., Gieseke, R., & Günther, A. (2019). *The PRIMAP-hist national historical emissions time series (1850-2017). V.2.1.* https://doi.org//10.5880/PIK.2019.018

International Monetary Fund. (2020). *Regional economic outlook. Western Hemisphere: pandemic persistence clouds the recovery.*

IPCC. (2014). AR5-WGII CH19 *Emergent Risks and Key Vulnerabilities.* https://doi.org/10.1017/CBO9781107415379

Matthews, H. D., Tokarska, K. B., Nicholls, Z. R. J., Rogelj, J., Canadell, J. G., Friedlingstein, P. et al. (2020). Opportunities and challenges in using remaining carbon budgets to guide climate policy. *Nature Geoscience*, 13(12), 769–779. https://doi.org/10.1038/s41561-020-00663-3

Pan, X., Elzen, M. den, Höhne, N., Teng, F., & Wang, L. (2017). Exploring fair and ambitious mitigation contributions under the Paris Agreement goals. *Environmental Science and Policy*, 74(March), 49–56. https://doi.org/10.1016/j.envsci.2017.04.020

Robiou Du Pont, Y., Jeffery, M. L., Gütschow, J., Rogelj, J., Christoff, P., & Meinshausen, M. (2017). Equitable mitigation to achieve the Paris Agreement goals. *Nature Climate Change*, 7(1), 38–43. https://doi.org/10.1038/nclimate3186

UNDESA. (2019). *World Population Prospects 2019.* https://population.un.org/wpp/

UNEP. (n.d.). Pledge Pipeline | *UNEP - UN Environment Programme.* Retrieved August 10th, 2020, from https://www.unenvironment.org/explore-topics/climate-change/what-we-do/mitigation/pledge-pipeline

UNFCCC. (n.d.). *NDC Registry.* Retrieved August 11th, 2020, from https://www4.unfccc.int/sites/NDCStaging/Pages/All.aspx

UNFCCC. (2021). Nationally determined contributions under the Paris Agreement. Synthesis report by the secretariat. In *English* (Issue February). https://unfccc.int/documents/268571

Impacto del Covid-19 en la enseñanza de Expressió Gràfica

Noelia Olmedo
EEBE. Departament d'Enginyeria Gràfica i Disseny

Rosó Baltà
ESEIAAT. Departament d'Enginyeria Gràfica i Disseny

Marta Peña
ETSEIB. Departament de Matemàtiques

Luis Mujica
EEBE. Departament de Matemàtiques

Resumen

La situación actual derivada de la crisis del COVID-19 está generando desafíos sin precedentes en toda la comunidad educativa, aunque las instituciones de educación superior han demostrado su capacidad para adaptarse muy rápidamente y con gran flexibilidad a la crisis.
Esta investigación aporta nuevas evidencias sobre aspectos relacionados con el aprendizaje y su efecto en el confinamiento en la asignatura de Expressió Gràfica a través de una encuesta transversal realizada con un grupo de estudiantes (n = 264) durante el período pandémico mediante triangulación de análisis de datos.
Los resultados muestran una relación entre el rendimiento académico del alumnado en período pandémico y variables como el grado de atención, el tiempo dedicado a las tareas asignadas y las condiciones del espacio de trabajo. En general, las mujeres están más satisfechas con su desempeño académico y evalúan las prácticas de manera más positiva que los hombres. Finalmente, el estudio identifica buenas prácticas que serán valiosas para la enseñanza a distancia y la educación en ingeniería más allá de la situación de la pandemia.

Abstract

The current situation derived from the COVID-19 crisis is generating unprecedented challenges throughout the educational community, although higher education institutions have demonstrated their ability to adapt very quickly and with great flexibility to the crisis.

This research provides new evidence on aspects related to learning and its effect on confinement in the Expressió Gràfica subject through a cross-sectional survey carried out with a group of students (n = 264) during the pandemic period through triangulation of data analysis.

The results show a relationship between the academic performance of students in a pandemic period and variables such as the degree of attention, the time devoted to assigned tasks and the conditions of the workspace. In general, women are more satisfied with their academic performance and evaluate practices more positively than men. Finally, the study identifies good practices that will be valuable for distance learning and engineering education beyond the pandemic situation.

1. Introducción

Las universidades están reformulando y adaptando progresivamente nuevas actividades de aprendizaje y diferentes metodologías de evaluación derivadas de la educación a distancia (UNESCO, 2020; Burki, 2020; Zhang et al., 2020; The Lancet, 2020). Para las escuelas de ingeniería, este cambio ha supuesto un gran reto ya que las clases de laboratorio y aplicaciones prácticas en las que el contacto directo entre alumnado y profesorado y el trabajo en equipo entre ellos es parte fundamental del currículo. La situación excepcional que generó la pandemia COVID-19 permite estudiar cómo la educación a distancia ha impactado a todo el estudiantado, incluso a aquellos que no habrían optado por estudios online. Aunque algunos estudios intentan identificar el impacto de la educación a distancia en su desarrollo académico y las variables que han intervenido, los resultados muestran contradicciones y no son concluyentes. Algunos estudios señalan que el confinamiento no ha afectado el desempeño del alumnado y sus resultados (Odriozola-González et al., 2020; Khalil et al., 2020), como en el caso de la investigación en estudios de ingeniería de Jacques et al. (Jacques et al., 2021) en el que se demuestra que su rendimiento no se ha reducido y que las notas obtenidas son similares a las esperadas en la docencia presencial. Sin embargo, otros estudios muestran que el alumnado está preocupado por el impacto negativo que la situación tendrá en sus resultados académicos (Nassr et al., 2020; Son et al., 2020), e indican que durante las clases a distancia el rendimiento ha disminuido (Aristovnik et al., 2020).

1.1. Objetivos de estudio y preguntas de investigación

- ¿Cómo ha afectado el confinamiento al rendimiento académico del alumnado?
- ¿Cuál ha sido su satisfacción en relación con la docencia de la asignatura?
- ¿Existen diferencias según el género?

Para responder empíricamente a estas preguntas este estudio presenta dos instrumentos de medición. En primer lugar, un análisis cuantitativo de la segmentación del perfil del alumnado según el grado de aprendizaje recogido en una encuesta transversal de un grupo con una muestra voluntaria no probabilística. En segundo lugar, una comparación cuantitativa del aprendizaje real del estudiantado entre la situación de emergencia y la situación anterior.

2. Método

2.1. Primer instrumento: Análisis cuantitativo de segmentación del perfil del alumnado según el grado de aprendizaje

Se envió una encuesta en línea voluntaria y anónima de tipo transversal y analítico-descriptivo entre el alumnado que realizó el curso de marzo a diciembre de 2020 y el primer trimestre del curso académico

2020/21. El objetivo de esta encuesta fue conocer la opinión de los estudiantes sobre cómo afrontaron sus estudios en la etapa de confinamiento, su satisfacción con la asignatura Expressió Gràfica y también con los nuevos métodos de aprendizaje utilizados. La encuesta se realizó el último día de clase (sesión 14) y se envió a un total de 810 personas. Con los datos obtenidos se realizó un estudio descriptivo y cuantitativo analizando la relación de las diferentes variables recogidas a partir de las preguntas cerradas. En cada uno de los grupos se calculó la media con un intervalo de confianza del 95 % de cada una de las variables. Dado que las variables recolectadas son ordinales, el análisis se fortalece calculando los estadísticos D de Somers para examinar la asociación entre ellas. La tabla 1 muestra los aspectos mas importantes de la encuesta.

Encuesta	Descripción
Tipo de encuesta	Transversal
Población	Estudiantado de 1er año de la asignatura EG
Intervalo de confianza	95%
Error muestral	0.02 %
Período de la encuesta	Marzo a diciembre 2020
Muestra	810 personas (contestaron 264, 32 %). Voluntario no probabilístico
Procedimiento	Anónima *online*
Instrumento de recolección de datos	Google Forms®
Instrumento de análisis de datos	R Studio®

Tabla 1. Aspectos más importantes de la encuesta.
Fuente: elaboración propia

2.2. Segundo instrumento: comparación cuantitativa del aprendizaje de los estudiantes antes y durante el confinamiento

Se realizó una comparación cuantitativa de las notas finales medias de la asignatura y las notas finales medias del aprendizaje autónomo de la asignatura durante el período pandémico y el período previo a la pandemia. La tabla 2 muestra los diferentes grupos de clase y el período de impartición de la asignatura.

Período no pandémico (2018 - 2019)		
Grupos	**Número de alumnado**	**Período de impartición**
M22	19	Febrero a mayo 2018
A31	28	Septiembre a diciembre 2018
A92	22	Febrero a mayo 2019
A22	24	Septiembre a diciembre 2019

Período pandémico (2020)		
Grupos	**Número de alumnado**	**Período de impartición**
M22	25	Febrero a mayo 2020
M61	29	Septiembre a diciembre 2020
M51	29	Septiembre a diciembre 2020

Período pandémico (2021)		
Grupos	**Número de alumnado**	**Período de impartición**
T12	30	Febrero a mayo 2021
M21	21	Febrero a mayo 2021
M31	18	Febrero a mayo 2021

Tabla 2. Composición de los diferentes grupos de clase y el período de impartición de la asignatura. Fuente: elaboración propia

3. Resultados

Se han analizado las respuestas medias del alumnado y su variabilidad según el grado de aprendizaje y comprensión de los contenidos de la asignatura. De las 264 respuestas recibidas, el 17 % considera estar muy de acuerdo con haber aprendido y comprendido los contenidos de la asignatura, el 60 % está de acuerdo, el 19 % en desacuerdo y el 4 % totalmente en desacuerdo.

También se realizó una comparación del grado de aprendizaje y comprensión de los contenidos de la asignatura desagregados por género. De las respuestas obtenidas, el 33 % correspondió a mujeres. Con respecto a las mujeres, el 79,54 % (65,89 % + 13,65 %) está de acuerdo o muy de acuerdo con haber aprendido y comprendido los contenidos de la asignatura. Respecto a los hombres, el 75 % (56,82 % + 18,18 %) también está de acuerdo o muy de acuerdo con el aprendizaje de la asignatura.

Se observa una relación clara y directa entre el grado de aprendizaje y variables como: atención a los correos electrónicos y documentación enviada, las condiciones del espacio de trabajo y las horas dedicadas a los estudios. Finalmente, el informe de estadísticas D de Somers muestra la mayor asociación o correlación entre el grado de aprendizaje y los métodos de evaluación, el proyecto y las condiciones del lugar de trabajo. Por el contrario, la asociación más baja e inversa con el grado de aprendizaje viene dada por las dificultades y la carga de trabajo. Se destaca que, con respecto a los hombres, las mujeres valoran con mayor satisfacción casi todas las variables del estudio.

Según la prueba de Shapiro-Wilk, las notas finales y las calificaciones finales de la competencia de aprendizaje autónomo no provienen de distribuciones normales. Por lo tanto, para contrastar si el promedio de las notas del período pandémico (2020-21) ha aumentado o disminuido con respecto al período prepandémico (2018-2019), se ha realizado la prueba de Wilcoxon de dos muestras no apareadas (también conocida como Prueba de suma de rangos de Wilcoxon o prueba de Mann-Whitney). Los resultados muestran que el promedio de las calificaciones finales del período pandémico (2020) es significativamente mayor que el promedio de las calificaciones finales del período prepandémico (2018-2019) con un valor p = 0,0004385. De la misma manera, el promedio de las calificaciones finales del período pandémico (2021) es significativamente menor que el promedio de las calificaciones finales del período pandémico (2020) con un valor p = 3.998e-08. En otras palabras, las notas volvieron a bajar incluso más que en el período prepandémico (con un valor de p = 0,003177). Las calificaciones finales de la competencia de aprendizaje autónomo siguen el mismo patrón con valores p similares (valor p = 0,004061, valor p = 8,176e-11 y valor p = 1,007e-07, respectivamente).

4. Discusión

La asistencia a clases en línea estuvo cerca del 100 % en la mayoría de los grupos, a diferencia de años anteriores donde la asistencia a clases no fue tan alta. La sensación de aislamiento empeoró significativamente a medida que aumenta el tiempo de confinamiento. Se destaca la baja tasa de deserción académica del alumnado durante la pandemia. Sorprendió la gran cantidad de intervenciones y preguntas sobre temas didácticos realizadas por las alumnas. Contrasta con las bajas intervenciones del estudiantado en las clases presenciales. La incertidumbre provocada por los continuos cambios en las políticas gubernamentales en materia de prevención de la enfermedad no mejoró el ánimo de docentes y alumnos. El alumnado, acostumbrado a la inercia de muchos años de presencialidad, no ha logrado acostumbrarse a estas nuevas experiencias docentes implementadas de forma tan abrupta y global.

Los resultados obtenidos en la encuesta muestran que el alumnado que más se ha mostrado satisfecho con la asignatura son los que mejor valoran las evaluaciones y actividades no presenciales; también son los que más han trabajado, le han dedicado más tiempo y han tenido menos problemas en el desarrollo de las actividades académicas.

Las respuestas con una de las valoraciones más altas han sido a la pregunta "He realizado las actividades no presenciales (tutorías, prueba de evaluación, etc.) que me han indicado", lo que nos muestra una alta implicación en la realización de las actividades que el profesorado haya encomendado.

Para la mayoría del estudiantado que ha cursado la asignatura, en general, todo el curso académico ha parecido difícil, quizás motivado por la adaptación de toda la docencia a la situación provocada por la pandemia.

En esta investigación se demuestra que las interacciones con alumnado y profesorado son fundamentales para la satisfacción de los primeros y juegan un papel decisivo en su rendimiento y desarrollo académico, lo que coincide con los resultados de Mcinnerney (Mcinnerney & Roberts, 2004), Arbaugh (Arbaugh, 2000) y Hong (Hong, 2002). La literatura científica informa que la falta de contacto puede empeorar la experiencia educativa (Procentese et al., 2020; Luan et al., 2020). En cuanto a las respuestas desagregadas por género, en general, se observa que la mujer da un poco más de valor a todas las variables estudiadas. La caída de las notas en 2021 puede deberse al cansancio, el estrés, la ansiedad o la falta de motivación del alumnado a medida que se alargaba el período de confinamiento. La literatura destaca estudios donde éstos obtuvieron peores resultados desde que se cancelaron las clases presenciales (Odriozola-González et al., 2020). En cualquier caso, es difícil sacar conclusiones sobre el rendimiento académico ya que, como se mencionó, debido a la pandemia se tuvo que modificar la evaluación de la asignatura para hacerla más flexible a la disponibilidad del alumnado.

4.1. Buenas prácticas más allá del confinamiento

Durante la impartición de las clases en el confinamiento se ha evidenciado e identificado una serie de acciones o buenas prácticas que podrían implementarse en los próximos años:

Rápida retroalimentación y comunicación. Grabar las clases con la herramienta Google Meet®. Vídeo tutoriales de apoyo. Reducción del número de estudiantes por clase. Ofrecer una formación continua de calidad. Mensajería instantánea. Grupos de trabajo reducidos y tutorías individualizadas entre otras acciones.

5. Conclusiones y limitaciones

Los resultados de este estudio deben interpretarse en el contexto de algunas limitaciones que podrían abordarse en investigaciones futuras. Los participantes en esta investigación fueron reclutados por una asignatura en concreto y una titulación específica, por lo que es posible que estos resultados no se extrapolen a todos los campos de la ingeniería. Como los ámbitos de la ingeniería son muy amplios sería interesante ampliar el estudio y validar los resultados en otras asignaturas y titulaciones similares. La variabilidad en las respuestas de las mujeres abre la puerta a nuevos estudios que brindan evidencia empírica que ayude a comprender el impacto de la enseñanza en línea durante la pandemia en hombres y mujeres de diferentes países y campos académicos. También sería interesante extender el estudio a otras universidades y países ya que el impacto de la pandemia no ha sido igual en todas partes.

Referencias

Arbaugh, J. B. (2000). Virtual Classroom Characteristics and Student Satisfaction with Internet-Based MBA Courses. *Journal of Management Education*, 24(1), 32–54. https://doi.org/10.1177/105256290002400104

Aristovnik, A., Keržič, D., Ravšelj, D., Tomaževič, N., & Umek, L. (2020). Impacts of the COVID-19 pandemic on life of higher education students: A global perspective. *Sustainability*, 12(20), 8438. https://doi.org/10.3390/su12208438

Burki, T. K. (2020). COVID-19: consequences for higher education. *The Lancet. Oncology*, 21(6), 758. https://doi.org/10.1016/S1470-2045(20)30287-4

Hong, K. S. (2002). Relationships between students' and instructional variables with satisfaction and learning from a Web-based course. *Internet and Higher Education*, 5(3), 267–281. https://doi.org/10.1016/S1096-7516(02)00105-7

Jacques, S., Ouahabi, A., & Lequeu, T. (2021). Remote knowledge acquisition and assessment during the covid-19 pandemic. *International Journal of Engineering Pedagogy*, 10(6), 120–138. https://doi.org/10.3991/IJEP.V10I6.16205

Khalil, R., Mansour, A. E., Fadda, W. A., Almisnid, K., Aldamegh, M., Al-Nafeesah, A. et al. (2020). The sudden transition to synchronized online learning during the COVID-19 pandemic in Saudi Arabia: A qualitative study exploring medical students' perspectives. *BMC Medical Education*, 20, 285. https://doi.org/10.1186/s12909-020-02208-z

Luan, L., Hong, J.-C., Cao, M., Dong, Y., & Hou, X. (2020). Exploring the role of online EFL learners' perceived social support in their learning engagement: a structural equation model. *Interactive Learning Environments*. https://doi.org/10.1080/10494820.2020.1855211

Mcinnerney, J. M., & Roberts, T. S. (2004). Online Learning: Social Interaction and the Creation of a Sense of Community. *Journal of Educational Technology & Society*, 7(3), 73–81.

Nassr, R. M., Aborujilah, A., Aldossary, D. A., & Aldossary, A. A. A. (2020). Understanding Education Difficulty During COVID-19 Lockdown: Reports on Malaysian University Students' Experience. *IEEE Access*, 8, 186939–186950. https://doi.org/10.1109/access.2020.3029967

Odriozola-González, P., Planchuelo-Gómez, Á., Irurtia, M. J., & de Luis-García, R. (2020). Psychological effects of the COVID-19 outbreak and lockdown among students and workers of a Spanish university. *Psychiatry Research*, 290, 113108. https://doi.org/10.1016/j.psychres.2020.113108

Procentese, F., Capone, V., Caso, D., Donizzetti, A. R., & Gatti, F. (2020). Academic community in the face of emergency situations: Sense of responsible togetherness and sense of belonging as protective factors against academic stress during covid-19 outbreak. *Sustainability (Switzerland)*, 12(22), 1–12. https://doi.org/10.3390/su12229718

Son, C., Hegde, S., Smith, A., Wang, X., & Sasangohar, F. (2020). Effects of COVID-19 on college students' mental health in the United States: Interview survey study. *Journal of Medical Internet Research*, 22(9), 1–14. https://doi.org/10.2196/21279

The Lancet. (2020). Research and higher education in the time of COVID-19. *The Lancet*, 396(10251), 583. https://doi.org/10.1016/S0140-6736(20)31818-3

UNESCO. (2020). COVID-19 and higher education: Today and tomorrow. *International Institute for Higher Education in Latin America and the Caribbean (IESALC)*, 1–54. https://bit.ly/34TOSvu

Zhang, W., Wang, Y., Yang, L., & Wang, C. (2020). Suspending Classes Without Stopping Learning: China's Education Emergency Management Policy in the COVID-19 Outbreak. *Journal of Risk and Financial Management*, 13(3), 55. https://doi.org/10.3390/jrfm13030055

Competición MotoStudent. Diseño de un carenado

Oscar Farrerons Vidal
EEBE. Departament d'Enginyeria Gràfica i Disseny

Iván Roldán Aguilar
EEBE. Departament d'Enginyeria Gràfica i Disseny

Resumen

Se especifica la metodología seguida para el diseño de un carenado de competición atendiendo a la normativa MotoStudent que limita la anchura mínima entre los semi-manillares, el ángulo de inclinación lateral y la distancia libre al pavimento, entre otras variables. Se trabaja el diseño de superficies mediante *splines*, y se procede a una sucesión de interacciones hasta lograr optimizar el diseño y reducir el peso del prototipo, todo ello a la vez que se le aporta una muy alta rigidez a la pieza. Se definen las restricciones en el diseño que genera el método de fabricación de los carenados, puesto que al fabricarse el carenado por laminación de fibra de carbono, las tolerancias deben tener en cuenta las limitaciones para poder participar en la competición. El articulo especifica cómo se ha logrado crear un diseño óptimo, y se explica el proceso seguido para facilitar el traspaso de conocimientos entre antiguos y nuevos miembros del equipo ePowered RACING de la Escuela de Ingeniería de Barcelona Este de la Universidad Politécnica de Cataluña, para incrementar el éxito de próximas competiciones.

Abstract

The methodology followed for the design of a competition fairing is specified according to the MotoStudent regulations that limit the minimum width between the semi-handlebars, the lateral inclination angle and the free distance to the pavement, among other variables. The design of surfaces is worked through splines, and a succession of interactions is carried out until the design is optimized and the weight of the prototype is reduced, all while providing a very high rigidity to the piece. The restrictions in the design generated by the manufacturing method of the fairings are defined, since when manufacturing the fairing by lamination of carbon fiber, the tolerances must take into account the limitations to be able to participate in the competition. The article specifies how an optimal design has been created, and explains the process followed to facilitate the transfer of knowledge between old and new members of the ePowered RACING team of the Barcelona East School of Engineering of the Polytechnic University of Catalonia, to increase the success of upcoming competitions.

1. Introducción

MotoStudent es una competición que nació en el año 2010 junto con Moto Engineering Foundation y TechnoPark MotorLand. Se trata de una competición realizada entre estudiantes de ingeniería de universidades a nivel mundial. La Escuela de Ingeniería de Barcelona Este (EEBE) de la Universidad Politécnica de Cataluña (UPC) participa con el proyecto ePowered RACING MotoStudent Team.

En la edición 2018 se presentaron más de 74 equipos de los cuales sólo 24 eran de la categoría eléctrica. En la edición 2021 el número de participantes en la categoría eléctrica aumentó a más del doble. En la EEBE, que participó en la anterior edición 2020, durante el curso 2020-21 se fabricó el segundo prototipo llamado EPR02, con el que se esperaba igualar o superar la meritoria 6a. posición en la clasificación general de la V edición de MotoStudent.

El artículo que se presenta es un compendio del Trabajo Final de Grado (TFG) de un estudiante de Ingeniería Mecánica de la EEBE, hoy ya titulado ingeniero, que se defendió en mayo 2021 en tribunal público, con calificación final de sobresaliente. El TFG mostraba el diseño y construcción del carenado de una moto de competición. En este artículo se muestran sólo los objetivos, metodologías, resultados del diseño, y las conclusiones a las que se llegaron, sin tener en cuenta el proceso de fabricación. Se puede consultar el TFG completo en el repositorio de trabajos académicos de la UPC (https://apren.upc.edu/ca/materials/2117_348974).

2. Objetivo

El objetivo es realizar todo el proceso de diseño de unos carenados de competición, teniendo en cuenta la fabricación desde los moldes hasta la pieza definitiva de los carenados. La finalidad principal de este proyecto era montar una pieza de fibra de carbono en la moto de competición para el equipo ePoweredRACING de la competición Motostudent. Se pretendía mejorar las prestaciones de la motocicleta para la competición, mediante la reducción del peso con respecto a la anterior motocicleta aumentando su dinámica y reduciendo el tiempo por cada vuelta efectuada.

3. Metodología

Se utilizó la herramienta de diseño CAD de Siemens NX, que permite verificar las geometrías del prototipo en el propio ensamblaje de las piezas. Una vez diseñada la pieza, se decidió las técnicas de fabricación necesarias para llevar a cabo el desarrollo de la pieza, y se redactó una guía para marcar los criterios a tener en cuenta a la hora de decidir los materiales y procesos necesarios.

Después de resolver las técnicas y materiales de fabricación del prototipo, se llevó a cabo la fabricación tanto del molde positivo como del molde negativo. Posteriormente se fabricó el carenado definitivo.

3.1. Carenados de una moto de competición

Los carenados son las carcasas encargadas de hacer de revestimiento de una motocicleta de circuito y se adaptan a la forma del chasis, motor y a todas las piezas que hay en su interior. Principalmente cumplen una función aerodinámica para que el aire fluya mejor por su superficie y así ofrezca una menor fuerza de resistencia, gracias a esto se logra hacer que la motocicleta tenga una mayor aceleración y velocidad punta y se hace fluir el aire de la forma más óptima posible.

Otra función principal que tiene es la de proteger todos los elementos internos de la lluvia y los impactos. En caso de circular por una pista sucia con gravilla que pueda generar impactos en la moto, estos elementos se encargan de proteger piezas críticas y esenciales de impactos para así minimizar daños. También tiene como objetivo aislar al piloto de todos los elementos internos de la motocicleta para evitar la posibilidad de que cualquier parte del cuerpo del piloto pueda estar en contacto directo con elementos móviles de la motocicleta.

Los carenados son uno de los principales elementos que definen la estética final del prototipo en conjunto ya que, al ser una de las piezas más grandes y visibles, allí van alojados los logos de todos los patrocinadores.

La mayoría de motocicletas que se comercializan suelen tener carenados de plástico fabricado por inyección. En el caso de una motocicleta comercial unos carenados de plástico ya son suficientemente ligeros y su método de fabricación en serie genera unos costes de producción muy bajos para el fabricante. En cambio, para la motocicleta en circuito es habitual carenados de fibra de vidrio ya que éstos son más ligeros. Tiene mayor flexibilidad y en caso de caída es más rentable substituir el carenado roto por otra unidad. La fibra de carbono combinada con resina epoxi generan piezas con un peso muy reducido y unas propiedades mecánicas muy elevadas, a su vez en el caso de la fabricación de carenados aporta una mayor rigidez y esto hace que la pieza vibre menos.

3.2. Normativa aplicada MotoStudent

Al ser una pieza que pertenece a un prototipo de la motocicleta del equipo ePowered RACING que compite oficialmente, ésta se debe adaptar a la normativa vigente para poder ser legalmente utilizada en carrera. La normativa fue creada con el objetivo de cumplir estrictos requisitos de seguridad tanto de los pilotos como de los estudiantes que formen parte de la competición. Con la normativa se regula una serie de limitaciones para orientar en el diseño y las características técnicas que éste debe cumplir, a su vez éstas delimitan las pruebas y verificaciones tanto estáticas cómo dinámicas que deberá superar el prototipo para poder ser legal y competir oficialmente en su modalidad. Las normas generales para la motocicleta son:

1. La anchura mínima entre los extremos de los semi manillares debe ser 450 mm.
2. El ángulo mínimo de inclinación lateral del prototipo sin que ningún elemento del mismo (exceptuando los neumáticos) toque el pavimento debe ser 50^{0}.
3. La distancia libre al pavimento con el prototipo en posición vertical ha de ser de un mínimo de 100 mm en situación de reposo.
4. Ningún elemento del prototipo podrá sobrepasar la vertical frontal trazada tangencialmente a la circunferencia exterior del neumático delantero.
5. La anchura máxima del carenado será de 600 mm.

3.3. Requisitos específicos del carenado

Las normas específicas a cumplir en el diseño del carenado son:

1. Todos los bordes del carenado han de ser redondeados, mínimo 1 mm.
2. El carenado no podrá cubrir lateralmente al piloto a excepción de los antebrazos.
3. No hay restricciones en cuanto al material de fabricación del carenado.

4. Se permite la instalación de alerones, siempre que no se excedan las dimensiones máximas descritas en el Reglamento y estén correctamente anclados al carenado.
5. El carenado inferior debe estar fabricado para contener, en caso de incidente, al menos 2,5 litros de material líquido.
6. El carenado inferior deberá incluir un agujero de 25mm de diámetro, en el punto más bajo del mismo.
7. El ángulo de giro mínimo de la dirección deberá ser de 15^0 medidos a cada lado del eje longitudinal del prototipo.
8. En el recorrido de la dirección no deberá existir ningún elemento que interfiera en una tolerancia de 30mm entorno a los puños del manillar y accionamientos.

El proceso de diseño llevó a cabo utilizando software de diseño CAD SIEMENS NX que se proporciona gratuitamente a los miembros del equipo.

4. Diseño de superficies

Se trabajó el diseño de superficies mediante *splines* o líneas por puntos. Para iniciar la preparación del archivo del ensamblaje del prototipo en el software de diseño CAD, se dibujaron líneas básicas de referencia para saber la ubicación del chasis, basculante, eje delantero, neumáticos y su posición natural y la de máxima compresión de la suspensión. Estas geometrías permitieron hacerse una idea del tamaño de la motocicleta.

Para poder obtener una iteración de carenados final y válida de fabricar, se necesitó que previamente todas las piezas claves del prototipo que afectasen a las dimensiones de los carenados se colocasen en un ensamblaje definitivo. En esta etapa del diseño tan precoz al no poder disponer de las iteraciones finales del resto de las piezas, se creó un ensamblaje básico en el que se posicionaron chasis, pack de baterías, motor, ruedas, tren trasero y delantero con su volumen final aproximado.

Cada encargado de estas piezas, sabiendo la geometría que se quería obtener para el prototipo, tuvo la labor de ubicar su pieza en la posición aproximada y con un tamaño lo más cercano posible al de la iteración final. De esta forma se pudo obtener una geometría básica con la que empezar a trabajar el ensamblaje para hallar aproximaciones de las superficies necesarias para poder crear el carenado.

Se generó una superficie simple que cubriera el lateral de la motocicleta y a su vez no sobrepasase los límites del reglamento, para empezar a generar una forma que pudiera llegar a convertirse en un carenado. Es un trabajo de *splines* en el espacio y mover esos puntos en los 3 ejes principales (x,y,z) hasta obtener una línea guía con la forma lo más cercana posible a lo que se desea.

Previamente buscaron referencias de otros modelos de moto de competición para compararlos y buscar a qué estilo de diseño acercarse. El primer modelo creado por el equipo original para testear una motocicleta eléctrica llevaba unos carenados comerciales de una Derbi fabricada en serie, por tanto, en ese prototipo no se hizo un diseño propio. Su tamaño es el de una motocicleta equivalente a una moto3 del mundial de MotoGP. No se pudo aprovechar para experimentar en diseño de carenados debido a que fueron comprados y por tanto no pasaron por un proceso de diseño. En el segundo prototipo sí que se pudo obtener un aprendizaje debido a que todo el diseño se hizo desde cero por un equipo anterior. Gracias a este segundo prototipo se pudo aprender la base de diseño de superficies además de ejercitarse desde cero para diseñar los moldes necesarios para obtener la pieza. También al ser un modelo que se fabricó y testeó, se pudo obtener información por parte del piloto de partes que se pudieron mejorar o modificar para facilitar su comodidad.

A parte de la base obtenida por los anteriores miembros del equipo, para poder empezar a diseñar el nuevo prototipo se necesitó usar imágenes de algunas otras motocicletas de una categoría similar. Para este diseño se utilizó de base 2 estilos distintos para empezar: la Husqvarna Moto3 y la KTM Moto3, por sus líneas muy marcadas y afiladas.

Se procedió a insertar la Husqvarna de fondo dentro del ensamblaje, para ello se debió escalar a mano al tamaño real de la motocicleta. Después de implantar la imagen de la vista horizontal se trazaron una serie de curvas guía que sirvieron de esqueleto para generar las superficies que da forma al carenado. Al ser una de las primeras pruebas se diseñó una línea vertical paralela al eje central del ensamble situada a 300mm de ésta que marcó el punto de anchura máximo de los carenados permitido per el reglamento.

Una vez se tuvo todo el entramado de líneas unidas entre sí, para poder generar una superficie se debió seleccionar 4 *splines*, 2 principales y 2 curvas guía. Se generaron los redondeos de arista de mínimo 1 mm exigido por la normativa, además en este paso se pudo seleccionar el tipo de continuidad que se requería entre distintas superficies. Esto hace que al ver las superficies resultantes a la luz del sol el reflejo tenga una continuidad entre superficies y no genere una ilusión óptica que pueda crear una deformación visual de la superficie.

Para contrastar distintos tipos de diseño entre más modernos y afilados, o más clásicos y redondeados, se buscaron ejemplos de motocicletas de anteriores ediciones del mundial de MotoGP en la categoría Moto3 (similar a Motostudent). La motocicleta utilizada para el segundo diseño fue la 125cc de Valentino Rossi. En este segundo diseño además de probar formas más redondas y suaves, se aprovechó para probar una metodología distinta de diseño y a la vez poder manejar distintos recursos que pudieran ser útiles en el momento de diseñar las siguientes iteraciones, más cercanas al diseño final. Se generó la geometría con sus respectivos redondeos de aristas y costuras de superficies, se dibujó sobre la vista lateral dos splines con el corte aproximado que se quería obtener de carenado y se extruyeron unas láminas con esa forma para que intersectaran con el carenado. Posteriormente se creó un recorte de superficie entre la geometría principal y dos extrusiones de corte, de forma que se obtuvo la geometría deseada para esta versión de diseño en concreto. En este segundo caso se aprecia una geometría mucho más redondeada con aristas muy suavizadas que recuerdan un estilo de motocicleta más clásico. Las dos motocicletas han servido de base para orientar el diseño y se decidió un prototipo a medio camino entre los dos estilos, agresivo pero a su vez de líneas generales suaves.

Cuando se tuvo el ensamblaje con las líneas que delimitaban las restricciones del reglamento, se añadieron todas las piezas diseñadas hasta el momento. Se dibujó al piloto en su posición de conducción aportando solo longitudes y medidas básicas. A partir de este ensamblaje y sus posteriores modificaciones, se generó una serie de iteraciones múltiples de diseño de los carenados.

5. Resultados

5.1. Interacciones

Después de las interacciones, y debido a reajustes en el ensamblaje para poder encajar todas las piezas correctamente, surgió la necesidad de bajar aún más la posición del motor, por tanto, crear una restricción aún mayor en el diseño, ya que el espacio libre que queda entre el motor y los carenados se redujo.

En esta última etapa del diseño se tuvieron en cuenta las restricciones que genera el método de fabricación de los carenados. Al fabricarse por laminación de fibra de carbono manual por los propios miembros del equipo, las tolerancias de fabricación pueden verse alteradas, ya que con este método manual es prácticamente imposible controlar con exactitud el espesor de fibra que va a tener el carenado en cada punto. Por tanto, en las zonas en las que el carenado esté más cerca de contactar con alguna otra pieza hay una distancia de margen prudencial para evitar que el carenado una vez fabricado no encaje en algún punto.

Para poder asegurar que la pieza era posible fabricarla se debió comprobar los ángulos de desmoldeo de las superficies para ver que se pudieran desmoldar con facilidad. En éste primer diseño del resultado final se empezó por diseñar la quilla lo más estrecha posible hasta apurar al máximo la distancia entre ésta y el motor. Para facilitarlo se decidió desplazar el motor unos milímetros hacia la izquierda, de esta manera el eje quedaba más metido dentro del chasis y no sobresalía tanto.

5.2. Diseño carenado final

Se ha generado una quilla de geometría sencilla pero lo suficientemente estrecha para amoldarse a las formas de la moto y a su vez no sobrepasar en anchura la línea que marca el ángulo mínimo de inclinación del prototipo. En el punto más crítico la distancia de margen que hay entre el carenado y el motor es de 6,26 mm.

El núcleo se utiliza para dar mayor rigidez a la pieza de carbono con un menor peso, esto quiere decir que el núcleo no tiene por qué estar puesto en toda la pieza, solamente se pone estratégicamente en los puntos en los que se considere que se necesita reforzar la pieza. En este punto tan bajo del carenado como es la quilla, se necesita que la pieza tenga cierta flexibilidad ya que constantemente se tiene que quitar y poner cada vez que se necesita trabajar con algún elemento del interior del carenado. Por lo tanto, en ese punto no se pone núcleo para flexibilizar la pieza, entonces el espesor real del carenado en ese punto será de en torno a 2 mm.

Para continuar con el diseño resultante final, el siguiente paso es generar las superficies que cubran lateralmente la motocicleta, de forma que los carenados sean lo más estrechos posible y la superficie sea continua. Una vez se tiene diseñado el lateral, se hace el agujero y un entrante hacia el chasis para usarlo de punto de anclaje de los carenados al chasis. Estas extensiones hacen que el carenado termine en contacto con el chasis, directamente apoyado, lo que provoca que toda la estructura se haga más rígida y compacta.

Una vez que se han hecho todos estos pasos, se procede a diseñar la parte el morro mirando de hacerlo agresivo, pero a la vez con las aristas redondeadas para suavizar las superficies, además se aprovecha que se tiene la cúpula puesta en el ensamblaje para adaptar el morro de la motocicleta a la forma de la cúpula. Se generan unas orejas que caen desde los laterales de la cúpula para ayudar a proteger del viento al piloto y así mejorar la aerodinámica. Con todas estas premisas, se obtiene el primer diseño simplificado que incluya todas estas exigencias, según podemos ver en la figura 1.

Es un diseño más refinado y limpio que cumple perfectamente la normativa de la distancia libre al suelo, pero en cambio la normativa del ángulo mínimo de inclinación no la pasa por poco, ya que la superficie de la quilla está justo apoyada sobre las líneas que delimitan este margen. El eje motor sigue sobresaliendo del carenado, pero desplazando el motor a la izquierda se ha logrado conseguir que sobresalga mínimamente. Por tanto, se debe readaptar el diseño y generar un bulto que cubra el eje.

Figura 1. Vista frontal y lateral de las modificaciones.
Fuente: Elaboración propia

En esta etapa del diseño, se sugiere una necesidad nueva en el prototipo, se quiere refrigerar por aire los laterales del pack de baterías para evitar sobrecalentamiento. La mejor forma resolver el problema, es hacer llegar el aire lo más frio posible desde el frontal de la moto directamente hasta los laterales del pack de batería. Para solventarlo, se hace un agujero en forma de elipse en el frontal del carenado para poder encajar ahí un conducto que redirija el aire frío del frente de la moto hasta la zona deseada.

Se ha modificado también el bulto de la zona del eje, más pequeño con forma igualmente de gota y se ha movido hasta la posición más correcta donde la distancia mínima entre ese bulto y el motor sea de casi 9 mm, de esta forma el margen de seguridad es suficiente para poder fabricar los carenados.

5.3. Análisis de reflexión

Finalmente se verifica que los carenados no tienen ningún error importante de diseño y que se pueden fabricar en fibra de carbono con relativa facilidad. Para comprobar que el diseño es bueno, las superficies están bien unidas entre sí y tienen una buena continuidad, se utiliza la herramienta de análisis de reflexión.

En el análisis de reflexión realizado (Figura 2), se puede percibir que los rayos de luz fluyen correctamente entre superficies y no hay ninguna deformación que genere sombras o reflejos extraños que puedan crear deformaciones visuales sobre la pieza. Se puede afirmar que el carenado es correcto y tiene un buen acabado.

Para continuar con las verificaciones del diseño, se revisa que el carenado cumpla todas las normas del reglamento: el ángulo mínimo de inclinación y la altura mínima al suelo, y que ningún elemento de la moto sobrepase la línea vertical imaginaria de delante de la rueda frontal.

La idea de estos carenados es fabricarlos de forma que se divida en 2 piezas, la quilla que es la parte baja y que la otra pieza incluya laterales más el frontal. De esta forma, para montar los carenados en la motocicleta la pieza superior se coloca desde la parte delantera de la moto y se ancla a 2 puntos situados en los laterales del carenado, y después la quilla se coloca desde la parte inferior del prototipo y para anclarse a la pieza superior se utilizan 3 tornillos de ¼ de vuelta que sujeten la quilla al carenado.

De esta manera, en carrera se pueden quitar los carenados con rapidez y quitando carenados y quilla de forma independiente. Este sistema de tornillos de ¼ de vuelta permite, como su nombre indica, que usando la llave correspondiente sólo girando un cuarto de vuelta se atornillan o desatornillan las 2 piezas. La ventaja que también tienen es que al separar las 2 piezas la base a la que se atornilla queda pegada al

Figura 2. Análisis de reflexión del carenado.
Fuente: Elaboración propia

carenado y los tornillos quedan colgando de la quilla, de modo que no se pierden con facilidad.

Para dividir el carenado en 2 piezas se mira de recortar la quilla con tal de que sea lo más pequeña posible, pero a su vez, pueda albergar los 2,5 litros de líquido que pide el reglamento. El volumen de la quilla es aproximadamente de 5,5 litros, que realmente la forma estricta de medir el volumen real es restarle la parte del volumen ocupado por la parte baja del motor, de esta forma nos queda un volumen aproximado de 3 litros reales. Por tanto, se cumple la normativa con cierto margen.

Para fabricar la quilla se hace un molde único para ella y la manera de asegurar que se puede fabricar es comprobar el ángulo de desmoldeo de la quilla. Para que se pueda desmoldear se necesita que en el análisis de desmoldeo se seleccione el vector de hacia arriba, se selecciona el eje "z" positivo, y todas las partes de la superficie que aparecen en verde o amarillo se pueden desmoldear sin problema, en cambio sí hay zonas azules o rojas, quiere decir que el ángulo de desmoldeo es negativo, por lo que no se podrá desmoldear.

6. Conclusiones

Se ha conseguido el objetivo principal de generar el proceso de diseño y fabricación por composites del carenado de una moto de competición. Se resume el proceso de diseño de la pieza, y se expone la comunicación como una guía por pasos de todo el proceso de desarrollo de los carenados de una moto de competición, con el fin de solucionar el problema de la dificultad del traspaso de conocimientos entre antiguos y nuevos miembros del equipo ePowered RACING.

Se han diseñado con éxito superficies en programario informático industrial, debido a la necesidad de usar esta técnica para poder hacer los carenados. Gracias al diseño creado se ha estimado que el conjunto de carenados y quilla quedan con un peso contenido menor a 1,2 kg, dato importante, ya que el principal motivo de fabricar estas piezas en composites es reducir el peso al mínimo. Por este motivo se puede decir que se ha logrado optimizar el diseño para obtener la ventaja de reducir el peso del prototipo a la vez que se le aporta una muy alta rigidez a la pieza. A su vez se ha logrado crear un diseño óptimo para el equipo que cumpla con todas las normativas impuestas por la competición MotoStudent.

Referencias

ALPHACAM. Soporte & Servicios. n.d. Accessed May, 2021. https://es.alphacam.com/supportmenu

eXtreme® Quality – TeXtreme. n.d. Accessed May, 2021. https://www.textreme.com/textreme-quality

Free Online Composites Training and Learning Resources - Easy Composites. n.d. Accessed May, 2021. https://www.easycomposites.co.uk/learning

Galería de Fotos de Husqvarna de Moto3. n.d. Accessed May, 2021. https://www.motociclismo.es/galeria-husqvarna-moto3-2014_48687_113/6043784.html

KTM Pone a La Venta Su Moto3 Carreras-Cliente."n.d. Accessed May, 2021. https://www.motociclismo.es/novedades/ktm-pone-a-la-venta-su-moto3-carreras-cliente_174280_102.html

Motostudent. Rules & Regulations. Accessed December, 2021. http://www.motostudent.com/rules.html

Roldán Aguilar, I., Farrerons Vidal, Ó. (tutor) (2021). TFG Diseño del carenado de una moto de competición. https://apren.upc.edu/ca/materials/2117_348974

Schaeffler Technologies AG & Co. KG. 2018. "Schaeffler Technical Pocket Guide | Schaeffler Group USA Inc." 084713119-0000. Accessed July, 2018. https://www.schaeffler.us/content.schaeffler.us/us/news_media/media_library/publications/downloadcenter_global/downloadcenter-language-list-publications.jsp?pubid=97448&ppubid=56767232&tab=mediathek-pub&uid=56767232&subfilter=app:dc

El potencial de la cel·lulosa en la indústria tèxtil

Elisabet Quintana
CELBIOTECH_Paper Engineering Research Group, EPSEVG, Departament d'Enginyeria Gràfica i de Disseny

Cristina Valls
CELBIOTECH_Paper Engineering Research Group, ESEIAAT, Departament d'Enginyeria Gràfica i de Disseny

M. Blanca Roncero
CELBIOTECH_Paper Engineering Research Group, ESEIAAT, Departament d'Enginyeria Gràfica i de Disseny

Resum

La indústria tèxtil i de la moda és el segon sector industrial més contaminant, després del petroli. Segons l'Agència Europea del Mediambient, el consum de roba per persona a la UE va augmentar un 40 % del 1996 al 2012. Aquest creixement s'explica pel fenomen de la "fast fashion" que el què busca és que cada temporada les col·leccions i línies de tendència canviïn. Segons les prediccions, s'espera que la producció anual de fibres tèxtils pràcticament es dupliqui del 2010 al 2030. Aquestes dades són alarmants, ja que es coneix que el 73 % mundial de la roba utilitzada acaba en abocadors o sent incinerada i només un 1 % es recicla per convertir-la en roba nova. En quan a les matèries primeres que s'utilitzen, tan el cotó com els derivats del petroli tenen un impacte mediambiental negatiu. És en aquest sentit que l'ús del polímer de lignocel·lulosa pot aportar opcions més sostenibles.

Abstract

The textile and fashion industry is the second most polluting industrial sector, after oil. According to European Environmental Agency, the consumption of clothes per person in the EU increased by 40 % from

1996 to 2012. This growth is explained by the phenomenon of "fast fashion" that promotes an accelerated consumption. Annual fiber production is forecast to double from 2010 to 2030. The data is alarming, as it is known that 73 % of the world's used clothing ends up in landfills or being incinerated and only 1 % is recycled for create new clothing. In terms of raw material used, both cotton and petroleum derivatives have a negative environmental impact. It is under this context that the use of lignocellulose polymer can provide more sustainable opportunities.

1. Introducció

La indústria tèxtil i de la moda és el segon sector industrial més contaminant, després del petroli (Van Woensel, 2020). Segons l'Agència Europea del Mediambient (European Environmental Agency, 2019) el consum de roba per persona a la UE va augmentar un 40 % del 1996 al 2012. Aquest increment s'explica principalment per un abaratiment del preu final de la roba, com a resultat de seguir un model de producció en massa i de l'ús de materials de baix cost i de baixa qualitat, el què comporta obtenir productes d'escassa durabilitat. Aquest fenomen es coneix com a "fast fashion" i el què busca és que les línies de tendència i col·leccions canviïn cada temporada, tot fomentant un consum accelerat de roba i donant un curt temps de vida útil a aquestes peces de roba. D'acord amb aquesta filosofia, cada temporada s'introdueixen en el mercat milions de peces de roba. Segons les projeccions, s'espera que la producció anual de fibres passi de 72.5 milions de tones al 2010 a 133.5 milions de tones al 2030, amb un augment del consum per càpita de 10.5 kg a 15.5 kg (Sixta et al., 2013). Les estadístiques indiquen que el 73 % mundial de la roba utilitzada acaba en abocadors o sent incinerada. (Ellen Macarthur Foundation, 2017). Globalment, menys de la meitat de la roba utilitzada es recull per tornar-la a utilitzar o bé reciclar-la, i només un 1 % es recicla per convertir-la en roba nova. Aquesta última dada, s'explica perquè en la majoria de casos, la roba rebutjada és una mescla de fibra sintètica i fibra natural, i la separació, classificació i purificació és força complicada. La manca de tecnologies per classificar la roba recollida, així com separar la mescla de fibres respecte els productes químics (tints) són problemes corrents. Fins ara, la majoria de la roba es recicla mecànicament; les fibres es tallen i es trituren, de manera que passen a ser més curtes i de menor qualitat . Es calcula que a través d'aquests processos les fibres perden un 75 % del seu valor, per tant, no és adequat utilitzar-les per a fabricar roba nova. Respecte les tecnologies de reciclatge químic que produeixen fibres verges d'alta qualitat, aquestes estan disponibles per al polièster i el niló, però encara no són totalment viables econòmicament, per al cotó i les mescles.

El cicle de vida de la roba causa una gran petjada mediambiental amb un ús massiu de recursos naturals, contaminació de l'aigua i el sòl, i altes emissions de carboni. Per fer una única samarreta de cotó, es necessiten 2.700 litres d'aigua dolça, la mateixa quantitat que necessita una persona durant 2,5 anys. A més, segons l'Agència Europea del Medi Ambient, les compres tèxtils a la UE el 2017 van generar uns 654 kg d'emissions de CO2 per persona (European Environmental Agency, 2019). El cultiu de matèries primeres també és responsable d'una gran part de l'impacte ambiental de la indústria tèxtil i de la confecció. No només pel cultiu del cotó que necessita molta aigua per créixer i gran extensió de terreny, sinó pels processos de filar i teixir, i l'aplicació de tècniques d'acabat com tenyir o donar força i brillantor als teixits, que consumeixen molta energia i requereixen grans quantitats d'aigua i productes químics.

A partir de les observacions anteriors, és evident que la indústria tèxtil ha de moure el seu model de negoci cap a l'economia circular i ser més activa en iniciatives sostenibles. La lignocel·lulosa és el polímer biodegradable més abundant a la Terra, l'ús d'aquesta font natural com a fibra tèxtil, ofereix una gran oportunitat per reduir la dependència de la indústria tèxtil respecte el petroli (fibres sintètiques) i fer front als problemes de sostenibilitat als quals s'enfronta aquesta indústria.

Amb aquest propòsit, aquest article ofereix una visió general del potencial de la cel·lulosa per a la indústria tèxtil. D'entrada es centra en comprendre la composició química i l'estructura macromolecular de la cel·lulosa, i finalment en conèixer els processos i tractaments que s'han d'aplicar per purificar la cel·lulosa per tal d'obtenir una matèria primera adient com a per a fibres tèxtils. També es presenta l'estat de l'art dels processos convencionals per fabricar cel·lulosa regenerada i es dóna a conèixer els recents processos innovadors basats en tecnologies respectuoses amb el medi ambient.

2. Fibres tèxtils

Les fibres tèxtils es classifiquen en dos grups: fibres naturals i fibres artificials.

Les fibres naturals, segons el seu origen, es poden classificar en (i) fibres vegetals, (ii) fibres animals i (ii) fibres minerals. Totes elles són renovables, biodegradables, lleugeres, fortes i mecànicament reciclables. Entre les fibres vegetals, el cotó és la més abundant i representa el 90 % de totes les fibres naturals, però es considera especialment problemàtic perquè requereix grans quantitats de terra, aigua, fertilitzants i pesticides. L'impacte ambiental del cotó orgànic es redueix dràsticament en comparació amb el cotó convencional, ja que necessita menys aigua. Però es preveu que el cultiu de cotó no podrà cobrir la demanda, és per això que la indústria tèxtil també està provant fibres naturals d'ús menys freqüent, com el cànem, el lli, l'espart o l'ortiga, que requereixen menys aigua, fertilitzants i pesticides.

Les fibres artificials es refereixen a les fibres fabricades pels humans. Es classifiquen en tres classes, (i) generades a partir de polímers sintètics (petroli), (ii) generades a partir de polímers naturals i (iii) generades amb materials inorgànics. Les fibres sintètiques estan fetes de combustibles fòssils i no són biodegradables. Les fibres artificials inorgàniques són fibres fetes de materials com el vidre, el metall, el carboni o la ceràmica. S'utilitzen molt sovint per reforçar plàstics per formar compostos.

Les fibres artificials obtingudes a partir d'un polímer natural porten fabricant-se fa més d'un segle mitjançant la dissolució i posterior regeneració de la biomassa. Tan sols el 9 % del mercat tèxtil de la UE utilitza com a matèria primera fibra d'origen fuster (2019), però les fibres cel·lulòsiques encara són indispensables per a algunes aplicacions tèxtils (Mendes, Prates, & Evtuguin, 2021) ja que ofereixen característiques exclusives en quan a l'absorció de la humitat. Com exemples trobem les fibres d'acetat, de nitrat o d'èters, però la més utilitzada és la viscosa, també coneguda com a raió. Aquesta última, tot i que és biodegradable, el principal inconvenient que presenta és durant la seva processabilitat ja que s'utilitzen productes químics altament tòxics i contaminants. Tenint en compte, que la producció mundial de fibres artificials a partir de polímers naturals es va més que duplicar entre el 1990 i el 2017, el repte segueix sent en ampliar les fonts de cel·lulosa a utilitzar, així com desenvolupar processos més ecològics. Recentment, la indústria ha desenvolupat materials innovadors més sostenibles, com el Lyocell (també conegut sota la marca de Tencel™), el Bemberg™ (és la marca de cupro, feta a partir del burrissol que envolta la llavor de cotó, que normalment no s'utilitzen com a fibra), el Piñatex® (fabricada amb les fulles de rebuig de les plantes de pinya) i el Lyohemp ® (obtingut a partir de les fibres de cànem).

3. Polímer lignocel·lulòsic

Els tres components principals que trobem a les parets cel·lulars de la fusta o a les parets dels vegetals són la cel·lulosa (major component), la lignina i les hemicel·luloses. Així, ens referim normalment a polímer lignocel·lulòsic o complexa lignina-hidrats de carboni, ja que els 3 components estan units covalentment, formant una estructura complexa i tridimensional, en comptes de fraccions individuals. De forma simplificada, podem dir que la cel·lulosa i les hemicel·luloses estan envoltades pel polímer de lignina, i per tant durant la destrucció del polímer, per individualitzar els diferents components, l'eliminació de la lignina implicarà també certa degradació dels altres components, causant una disminució del rendiment.

Cel·lulosa

La cel·lulosa és un homopolímer lineal format per unitats d'anhidro-β-D-glucopiranosa (AGU) unides per l'enllaç (1-β-4) glicosídics. La cel·lobiosa és la unitat que es repeteix, formada per dues molècules AGU (Sjöström, 1993). El nombre d'AGU determina la longitud de la cadena, és a dir, el grau de polimerització (degree of polimerization, DP), tot i que el grau de polimerització de la cel·lulosa depèn en gran mesura de la font d'origen i del mètode d'aïllament que s'aplica. La cel·lulosa nativa té un grau de polimerització entre 5000 i 15 000, però la cel·lulosa utilitzada a la pràctica té un grau de polimerització mitjà d'entre 800 i 3000 (Krässig, 1993). Cada unitat AGU té tres grups hidroxil en les posicions dels carbonis C2 i C3 (grups hidroxil secundaris) i C6 (grups hidroxil primaris). Un extrem conté un grup alcohòlic (-OH) a C4 (extrem no reductor), mentre que a l'altre extrem, C1 forma part d'un grup aldehid (CHO) amb activitat reductora. Aquests grups hidroxil són els responsables de formar una xarxa d'enllaços pont d'hidrogen (H) tant intramolecular com intermolecular. Es poden formar enllaços pont d'hidrogen intramoleculars entre l'hidroxil C6 i l'hidroxil del C2 i, entre l'oxigen del C5 i l'hidroxil del C3 dins de la mateixa molècula, estabilitzant l'enllaç glicosídic i donant lloc a una estructura rígida. Els enllaços pont d'hidrogen també es poden formar entre dues cadenes de cel·lulosa veïnes (interaccions intermoleculars) mitjançant els seus grups C3-OH i C6-OH, obtenint una estructura molt rígida, estable i que la fa insoluble en aigua i en la majoria de dissolvents orgànics.

Hemicel·luloses

Els monosacàrids que constitueixen les hemicel·luloses són pentoses (D-xilosa i L-arabinosa), hexoses (D-glucosa, D-galactosa, L-galactosa,

D-manosa, L-ramnosa, L-fucosa) i àcids urònics (àcid D-glucurònic, àcid D-galacturònic). En general, les unitats de la cadena principal estan enllaçades entre si per enllaços β-(1-4), encara que algunes espècies combinen enllaços β-(1-4) i β-(1-3). La composició i la quantitat relativa d'hemicel·lulosa a la paret cel·lular depèn de l'espècie de fusta i vegetal. Les hemicel·luloses es troben associades a les microfibril·les de cel·lulosa mitjançant enllaços d'hidrogen i amb altres components de la paret cel·lular mitjançant enllaços covalents. La funció de les hemicel·luloses és aportar flexibilitat al conjunt estructural dels components de la paret cel·lular. Les hemicel·luloses, no són cadenes lineals, sinó que contenen ramificacions, és a dir, grups laterals a les molècules de la cadena i per tant presenten una estructura amorfa, són fàcils de dissoldre i degradar en solucions àcides i alcalines, i el seu grau de polimerització oscil·la entre 200 i 300 (Olszewska, 2013).

Lignina

La lignina és un heteropolímer aromàtic construït a partir d'unitats estructurals de 4-fenilpropà (guaiacilpropà, G; siringilpropà, S; i hidroxifenilpropà, H) unides per enllaços èter i carboni-carboni. La lignina és responsable del transport d'aigua, nutrients i metabòlits al sistema vascular. A més, té un paper important en el sistema de defensa de les plantes contra la degradació per enzims microbians (Fengel, Wegener, & Fengel, 2011). A causa de la seva hidrofobicitat, la lignina inhibeix l'absorció d'aigua i la inflamació de la fibra.

4. Fonts de cel·lulosa

La cel·lulosa es pot obtenir de diferents fonts com la fusta, les plantes, les algues i el tunicat, i també pot ser produïda per bacteris. Tot i que existeixen gran varietat de fonts de cel·lulosa disponibles a la natura, la majoria d'aquesta cel·lulosa no presenta inicialment les característiques ni propietats adequades per poder-la utilitzar com a matèria primera per obtenir fibres tèxtils.

Així, per a l'obtenció de fibres tèxtils es necessita cel·lulosa amb un alt grau de puresa (> 90 %) i que estigui lliure d'elements com hemicel·luloses (el seu contingut ha de ser inferior al 4 %), lignina i extractius (Sixta, 2008). La presència d'aquests components no és desitjable perquè disminuirà la qualitat del producte final i comportarà un augment del consum de reactius durant l'obtenció i el processament de les fibres tèxtils. Aquesta cel·lulosa d'alta puresa també ha de tenir un distribució uniforme del pes molecular i un grau de polimerització entre 400-600 mL/g. Tècnicament es coneixen com a pastes per dissoldre (dissolving pulps), i a excepció del cotó, la resta de fonts de cel·lulosa existents a la naturalesa no compleixen aquestes característiques. Per tant, caldrà sotmetre les fibres ja siguin d'origen fuster o no fuster, a una cocció específica amb l'objectiu d'alliberar la cel·lulosa de la resta de components (hemicel·luloses i lignina), a continuació blanquejar químicament les fibres tot eliminant la lignina residual que és responsable de donar color, i finalment caldrà aplicar diverses etapes de purificació per tal d'assolir el nivell de puresa desitjat. Aquests tractaments de purificació consisteixen per una banda en eliminar més hemicel·luloses, i per l'altra a millorar l'accessibilitat del grups funcionals de la cel·lulosa en vers als reactius, aconseguint així una major reactivitat durant les etapes de dissolució de la cel·lulosa. Actualment, la fusta és la principal font per produir pasta per dissoldre (85 %), seguida dels linters de cotó (10 %) i les plantes no fusteres (5 %) (Mendes et al., 2021).

5. Pasta per dissoldre (dissolving pulps)

Les pastes per dissoldre obtingudes a partir de la fusta es produeixen seguint dos processos diferents: cocció àcida al sulfit, que és el procés dominant que cobreix aproximadament el 65 % de la producció total, i cocció kraft amb prehidròlisi, que ocupa aproximadament el 25 % (Sixta, 2008).

Després de la cocció, la pasta per dissoldre s'envia cap al procés de blanqueig, amb el propòsit no només d'augmentar la blancor sinó també d'augmentar la puresa, tot eliminant les hemicel·luloses residuals, i ajustant la viscositat i la distribució del pes molecular de la cel·lulosa. Aquestes millores en la qualitat de la pasta li permeten satisfer els requisits dels productes d'ús final com la viscosa, els acetats, el nitrat de cel·lulosa o l'èter de cel·lulosa. Després del blanqueig, per purificar la cel·lulosa del procés de cocció al sulfit, s'inclou normalment l'extracció càustica en calent (Hot Caustic Extraction) com a etapa de purificació. Quan es requereixi una puresa elevada, s'utilitzarà una extracció càustica en fred (Cold Caustic Extraction) (Kumar & Christopher, 2017; Sixta, 2008). Altres tractaments més específics de purificació, com l'eliminació d'hemicel·luloses residuals mitjançant tractaments enzimàtics (xilanases), així com la combinació d'extracció càustica i tractament amb xilanases ha donat bons resultats, però se sap que tenen un efecte limitat en les pastes per dissoldre procedents d'una cocció al sulfit, amb eliminació de xilans, generalment inferior al 50 % (Christov & Prior, 1993).

Tal com s'ha comentat anteriorment, és interessant que aquestes pastes per dissoldre tinguin una alta reactivitat, això significa que els grups hidroxils han d'estar el més accessible possible per reaccionar amb els reactius que s'utilitzen per dissoldre la cel·lulosa, aconseguint així un alt rendiment de funcionalització, estalvi de reactius i obtenint posteriorment fibres regenerades d'alta qualitat. Així, existeixen diversos mètodes i mecanismes per activar la cel·lulosa: tractaments mecànics, tractaments enzimàtics, extracció càustica, tractaments àcids, extracció amb líquids iònics, degradació tèrmica, tractament amb ozó, una combinació dels tractaments anteriors, entre altres tractaments més innovadors (Li et al., 2018). Dels tractaments mencionats anteriorment voldríem destacar la utilització d'enzims ja que és una estratègia totalment respectuosa amb el medi ambient. Les cel·lulases són enzims que hidrolitzen l'enllaç 1,4-β-D-glicosídic de les cadenes de cel·lulosa fins als oligosacàrids de glucosa. Hi ha nombrosos estudis que demostren l'efectivitat d'aquest tractament per millorar la reactivitat (Engstrom, Ek, & Henriksson, 2006; Ibarra, Köpcke, & Ek, 2010; Köpcke, Ibarra, Larsson, & Ek, 2010; Quintana, Valls, Barneto, et al., 2015; Quintana, Valls, Vidal, & Roncero, 2015).

6. Cel·lulosa regenerada com a fibra artificial

Hi ha dos processos bàsics per obtenir cel·lulosa regenerada, el procés de derivatització i el procés de dissolució directa (no derivatització) (Sayyed, Deshmukh, & Pinjari, 2019). En el procés de derivatització, la cel·lulosa es modifica per facilitar la seva dissolució. És a dir, s'introdueixen grups funcionals diferents dels grups -OH, de manera que l'estructura d'enllaços ponts d'hidrogen que s'encarreguen de conferir estabilitat s'acaba trencant, i s'obté un producte intermedi (cel·lulosa amb una composició química diferent a l'original) que s'acabarà dissolent i posteriorment es regenerarà. D'altra banda, en el procés de no derivatització la cel·lulosa es dissol directament en un dissolvent sense cap modificació. El procés de derivatització inclou la viscosa i l'acetat de cel·lulosa, mentre que la dissolució directa inclou líquids iònics de cupramoni, lyocell i alquil imidazoli com a exemples rellevants.

Viscosa

Les fibres de cel·lulosa regenerada més utilitzades es fabriquen mitjançant el procés de viscosa (també anomenat raió). En el procés de viscosa, la cel·lulosa es dissol en una solució d'hidròxid de sodi, i posteriorment es tracta amb disulfur de carboni (CS2) formant-se el xantat de cel·lulosa, que es dissol en una solució diluïda d'hidròxid de sodi per produir la viscosa. Finalment, la solució de viscosa es regenera per extrusió en un bany de centrifugació format per àcid sulfúric, sulfat de sodi, sulfat de zinc, tensioactiu i aigua a 45-55 °C. El raió acabat de formar, ja sigui en forma de filament continu o tallat, es renta i es tracta químicament per eliminar les impureses abans d'aplicar els tractaments d'acabat i envasat (LaNieve, 2006).

El 2018 la producció global de fibra de viscosa va ser d'aproximadament 5,8 milions de tones (Global and China Viscose Fiber Industry Report, 2019-2025, 2019). El procés de la viscosa està extensament consolidat a nivell industrial i també mundialment, i tot i que s'hi han aplicat millores continues (per exemple l'excés de sosa es recupera i es reutilitza), encara té certes limitacions i la més preocupant és l'ús del reactiu CS2, perquè és un reactiu tòxic pel medi ambient, inflamable i altament volàtil. A més a més, combinat amb la sosa càustica dóna lloc a subproductes perillosos com el gas H2S i altres compostos volàtils.

El procés industrial Lyocell és l'alternativa més prometedora al procés convencional de la viscosa. Implica l'ús del solvent polar 4-methylmorpholine 4-oxide (NMMO). El NMMO és un agent oxidant capaç de trencar l'estructura de ponts d'hidrogen i per tant dissoldre la cel·lulosa sense que calgui la formació d'un derivat intermedi, tal com passava en la tapa de formació del xantat durant l'obtenció de la viscosa. En els processos industrials, la recuperació de NMMO és superior al 99 % i es torna a introduir en el procés. El principal avantatge del dissolvent NMMO és la nul·la toxicitat. Les fibres conegudes com a Tencel® presenten algunes millores respecte a les fibres de viscosa convencional, com ara resistència en humit i en sec, mòdul d'elasticitat, brillantor i tacte, però majors costos de producció.

En la cerca d'altres dissolvents que siguin capaços de dissoldre la cel·lulosa de forma directa, trobem els líquids iònics. Els líquids iònics (IL) són sals orgàniques que existeixen en estat líquid a temperatures generalment inferior als 100 °C. Aquests, han despertat gran interès bàsicament per la seva estabilitat química i tèrmica, no inflamabilitat i baixa pressió de vapor en comparació amb els dissolvents orgànics volàtils tradicionals. Hi ha nombroses publicacions que tracten aquest tema. De fet, de la gran quantitat de líquids iònics estudiats que són eficaços per dissoldre la cel·lulosa (se'n coneixen més de 230 sistemes diferents) només uns quants són aptes per produir fibres tèxtils (Mendes et al., 2021). El desenvolupament industrial complet encara està per arribar i només alguns han arribat a l'escala pilot, com és el cas del procés IONCELL (Sixta et al., 2015). Cal mencionar que els líquids iònics també tenen alguns aspectes negatius: (i) velocitat lenta de dissolució, (ii) alts costos dels dissolvents, (iii) alguns d'ells són tòxics amb efectes sobre el medi ambient poc coneguts i estudiats, (iv) no són biodegradables (Magina, Barros-Timmons, Ventura, & Evtuguin, 2021). Sembla que l'IL ideal per dissoldre la cel·lulosa i produir fibres de raió de qualitat acceptable encara no s'ha trobat i és un repte per a la comunitat científica.

7. Línies futures

La revalorització dels residus tèxtils com a energia no és una bona solució perquè provoca problemes d'emissions (diòxid de carboni (CO_2), vapors d'aigua i cendres inorgàniques) que les plantes incineradores han de controlar degudament. Per altra banda, la simple eliminació de residus tèxtils en abocadors, suposa una pèrdua de material, energia i mà d'obra tant en la fabricació com en el transport (Stanescu, 2021). A més a més, els materials sintètics són difícils de descompondre i la descomposició dels residus tèxtils naturals genera CH_4 i CO_2. Anualment Europa disposa el 75 % (4,3 milions de tones) dels residus tèxtils en abocadors degut a l'absència d'estratègies de reciclatge viables (Haslinger, Hummel, Anghelescu-Hakala, Määttänen & Sixta, 2019). Més del 97 % de les matèries primeres necessàries per a la producció mundial de roba es basen en matèries primeres verges, la majoria de les quals són fibres sintètiques (63 %) i cotó renovable (26 %) (Ellen Macarthur Foundation, 2017). El reciclatge dels residus tèxtils és de gran importància pel que fa a la protecció del medi ambient i contribuir en la reducció del consum de recursos.

Actualment s'està explorant l'ús de líquids iònics per dissoldre la cel·lulosa que trobem en les peces de roba rebutjades i obtenir altres productes, com per exemple films biodegradables que es poden aplicar en el sector de l'embalatge (Zhou & Wang, 2021). Una dificultat habitual en el reciclatge, és que una part important dels productes tèxtils estan formats per mescles heterogènies de fibres, per exemple cotó i polièster. Per aquests teixits combinats, les tècniques tradicionals de reciclatge es basen en tractaments químics que utilitzen àcids concentrats i temperatures altes, generant efluents tòxics i consumint una gran quantitat d'energia. Alguns estudis recents que investiguen la separació del cotó de les mescles amb fibres sintètiques inclouen tècniques diverses com ara aprofitar la selectivitat dels líquids iònics (De Silva, Wang, & Byrne, 2014; Haslinger et al., 2019; Lv et al., 2015), el tractament hidrotermal de la cel·lulosa, o bé la degradació d'un dels components per exemple el PET (Palme, Peterson, de la Motte, Theliander & Brelid, 2017). Altres línies d'interès per transformar els residus tèxtils (de composició principal cel·lulosa) en altres productes de valor afegit són per exemple la carbonització dels residus tèxtils obtenint biomassa vegetal (Çay, Yanık, Akduman, Duman, & Ertaş, 2020), l'extracció dels nanocristalls de cel·lulosa (CNC) (Huang, Tao, Ismail & Wang, 2020; Vanzetto, Beltrami & Zattera, 2021), l'obtenció d'aerogels (Zeng, Wang & Byrne, 2019), carbó activat o produir etanol, biogàs i acetat de cel·lulosa.

Agraïments

Aquesta publicació forma part del projecte PID2020-114070RB-I00 (CELLECOPROD), finançat pel MCIN / AEI / 10.13039 / 501100011033.

Referències

Çay, A., Yanık, J., Akduman, Ç., Duman, G., & Ertaş, H. (2020). Application of textile waste derived biochars onto cotton fabric for improved performance and functional properties. *Journal of Cleaner Production*, 251. https://doi.org/10.1016/j.jclepro.2019.119664

Christov, L. P., & Prior, B. A. (1993). Xylan removal from dissolving pulp using enzymes of Aureobasidium pullulans. *Biotechnology Letters*, 15(12), 1269–1274. article. https://doi.org/10.1007/BF00130310

De Silva, R., Wang, X., & Byrne, N. (2014). Recycling textiles: The use of ionic liquids in the separation of cotton polyester blends. *RSC Advances*, 4(55), 29094–29098. article. https://doi.org/10.1039/c4ra04306e

Ellen Macarthur Foundation. (2017). *A new textiles economy: Redesigning fashion's future. Ellen MacArthur Foundation.* Retrieved from https://www.ellenmacarthurfoundation.org/publications/a-new-textiles-economy-redesigning-fashions-future

Engstrom, A.-C., Ek, M., & Henriksson, G. (2006). Improved Accessibility and Reactivity of Dissolving Pulp for the Viscose Process: Pretreatment with Monocomponent Endoglucanase. *Biomacromolecules*, 7, 2027–2031.

European Environmental Agency. (2019). *Textiles in Europe's circular economy.* https://doi.org/10.2800/904911

Fengel, D., Wegener, G., & Fengel, D. (2011). *Wood: Chemistry, ultrastructure, reactions. Wood.* book, Berlin; New York: Walter de Gruyter. https://doi.org/10.1515/9783110839654

Global and China Viscose Fiber Industry Report, 2019-2025. (2019). Research in China.

Haslinger, S., Hummel, M., Anghelescu-Hakala, A., Määttänen, M., & Sixta, H. (2019). Upcycling of cotton polyester blended textile waste to new man-made cellulose fibers. *Waste Management*, 97, 88–96. https://doi.org/10.1016/j.wasman.2019.07.040

Huang, S., Tao, R., Ismail, A., & Wang, Y. (2020). Cellulose nanocrystals derived from textile waste through acid hydrolysis and oxidation as reinforcing agent of soy protein film. *Polymers*, 12(4). https://doi.org/10.3390/POLYM12040958

Ibarra, D., Köpcke, V., & Ek, M. (2010). Behavior of different monocomponent endoglucanases on the accessibility and reactivity of dissolving-grade pulps for viscose process. *Enzyme and Microbial Technology*, 47(7), 355–362. https://doi.org/10.1016/j.enzmictec.2010.07.016

Köpcke, V., Ibarra, D., Larsson, T., & Ek, M. (2010). Optimization of treatment sequences for the production of dissolving pulp from birch kraft pulp. *Nordic*

Pulp and Paper Research Journal, 25(1), 31–38. https://doi.org/10.3183/npprj-2010-25-01-p031-038

Krässig, H. A. (1993). *Cellulose: structure, accessibility and reactivity*. Gordon and Breach Science Publ.

Kumar, H., & Christopher, L. P. (2017). Recent trends and developments in dissolving pulp production and application. *Cellulose*, 24(6), 2347–2365. https://doi.org/10.1007/s10570-017-1285-y

LaNieve, H. L. (2006). *Cellulose acetate and triacetate fibers.* Handbook of Fiber Chemistry (Ed. Lewin M.), 773–810.

Li, H., Legere, S., He, Z., Zhang, H., Li, J., Yang, B. et al. (2018). Methods to increase the reactivity of dissolving pulp in the viscose rayon production process: a review. *Cellulose*, 25(7), 3733–3753. https://doi.org/10.1007/s10570-018-1840-1

Lv, F., Yao, D., Wang, Y., Wang, C., Zhu, P., & Hong, Y. (2015). Recycling of waste nylon 6/spandex blended fabrics by melt processing. *Composites Part B: Engineering*, 77, 232–237. https://doi.org/10.1016/J.COMPOSITESB.2015.03.038

Magina, S., Barros-Timmons, A., Ventura, S. P. M., & Evtuguin, D. V. (2021). Evaluating the hazardous impact of ionic liquids – Challenges and opportunities. *Journal of Hazardous Materials,* 412, 125215. https://doi.org/10.1016/J.JHAZMAT.2021.125215

Mendes, I. S. F., Prates, A., & Evtuguin, D. V. (2021). Production of rayon fibres from cellulosic pulps: State of the art and current developments. *Carbohydrate Polymers*, 273(July). https://doi.org/10.1016/j.carbpol.2021.118466

Olszewska, A. M. (2013). *Interfacial forces in nanocellulose based composite materials.*

Palme, A., Peterson, A., de la Motte, H., Theliander, H., & Brelid, H. (2017). Development of an efficient route for combined recycling of PET and cotton from mixed fabrics. *Textiles and Clothing Sustainability*, 3(1), 1–9. article. https://doi.org/10.1186/s40689-017-0026-9

Quintana, E., Valls, C., Barneto, A. G., Vidal, T., Ariza, J., & Roncero, M. B. (2015). Studying the effects of laccase treatment in a softwood dissolving pulp: Cellulose reactivity and crystallinity. *Carbohydrate Polymers*, 119. https://doi.org/10.1016/j.carbpol.2014.11.019

Quintana, E., Valls, C., Vidal, T., & Roncero, M. B. (2015). Comparative evaluation of the action of two different endoglucanases. Part I: On a fully bleached, commercial acid sulfite dissolving pulp. *Cellulose*, 22(3). https://doi.org/10.1007/s10570-015-0623-1

Sayyed, A. J., Deshmukh, N. A., & Pinjari, D. V. (2019). A critical review of manufacturing processes used in regenerated cellulosic fibres: viscose, cellulose acetate, cuprammonium, LiCl/DMAc, ionic liquids, and NMMO based lyocell. *Cellulose*, 26(5), 2913–2940. https://doi.org/10.1007/s10570-019-02318-y

Sixta, H. (2008). *Handbook of Pulp*. Handbook of Pulp (Vol. 1–2). https://doi.org/10.1002/9783527619887

Sixta, H., Iakovlev, M., Testova, L., Roselli, A., Hummel, M., Borrega, M. et al. (2013). Novel concepts of dissolving pulp production. *Cellulose*, 20(4), 1547–1561. https://doi.org/10.1007/s10570-013-9943-1

Sixta, H., Michud, A., Hauru, L., Asaadi, S., Ma, Y., King, A. W. T. et al. (2015). Ioncell-F: A high-strength regenerated cellulose fibre. *Nordic Pulp and Paper Research Journal*, 30(1), 43–57. https://doi.org/10.3183/npprj-2015-30-01-p043-057

Sjöström, E. (1993). *Wood chemistry: fundamentals and applications*. book, San Diego [etc: Academic Press.

Stanescu, M. D. (2021). State of the art of post-consumer textile waste upcycling to reach the zero waste milestone. *Environmental Science and Pollution Research*, 28(12), 14253–14270. https://doi.org/10.1007/s11356-021-12416-9

Van Woensel, L. (2020). *Scientific Foresight: What if? What if fashion were good for the planet?* Retrieved from https://www.europarl.europa.eu/RegData/etudes/ATAG/2020/656296/EPRS_ATA(2020)656296_EN.pdf

Vanzetto, A. B., Beltrami, L. V. R., & Zattera, A. J. (2021). Textile waste as precursors in nanocrystalline cellulose synthesis. *Cellulose*, 28(11), 6967–6981. https://doi.org/10.1007/s10570-021-03982-9

Zeng, B., Wang, X., & Byrne, N. (2019). Development of cellulose based aerogel utilizing waste denim—A Morphology study. *Carbohydrate Polymers*, 205, 1–7. https://doi.org/10.1016/j.carbpol.2018.09.070

Zhou, C., & Wang, Y. (2021). Recycling of waste cotton fabrics into regenerated cellulose films through three solvent systems: A comparison study. *Journal of Applied Polymer Science*, 138(48). https://doi.org/10.1002/app.51255

Projectes d'enginyeria gràfica en SolidWorks a l'Escola d'Enginyeria de Barcelona Est

Oscar Farrerons Vidal
Escola d'Enginyeria de Barcelona Est. Departament d'Enginyera Gràfica i de Disseny

Resum

El departament de Projectes de l'antiga EUETIB va ser un dels primers centres universitaris a Espanya que va apostar per treballar amb programari CAD paramètric, variacional i associatiu en l'assignatura de Dibuix, i va ser un dels pioners en implementar el programari SolidWorks (SW) en l'aprenentatge. Els successius plans d'estudis van donar molta importància en el desenvolupament d'un projecte d'Enginyeria Gràfica en SW com a mecanisme d'autoaprenentatge. Des de 2016, ja a l'EEBE, el departament d'Enginyeria Gràfica i Disseny ha continuat potenciant el Projecte en SW com a eina per assolir les competències bàsiques de l'assignatura. Un dispositiu particular de l'autor de la comunicació ha estat acumular els millors projectes acadèmics en una llista de reproducció de YouTube com a eina de propaganda i ensinistrament als propers cursos de l'assignatura. La llista acumula quasi 50 mil visualitzacions dels quasi 200 vídeos de projectes, de temàtiques variades. Les estadístiques de les visualitzacions mostren molta variació, però en destaca negativament que sols una cinquena part de les visualitzacions són de dones.

Abstract

The Projects Department of the former EUETIB was one of the first university centers in Spain to work with parametric, variable and associative CAD software in the subject of Drawing, and was one of the pioneers in implementing SolidWorks software (SW) in learning. Subsequent curricula attached great importance to the development of a Graphic Engineering project in SW as a self-learning mechanism. Since

2016, already in the EEBE, the department of Graphic Engineering and Design has continued to promote the Project in SW as a tool to achieve the basic competencies of the subject. One particular feature of the author of the communication has been to accumulate the best academic projects in a YouTube playlist as a propaganda and training tool in the next courses of the subject. The list has almost 50,000 views of almost 200 project videos on a variety of topics. The visual statistics show a lot of variation, but only a fifth of them are women.

1. Introducció

L'antiga Escola d'Enginyeria Industrial de Barcelona (EUETIB), escola d'enginyeria ubicada al recinte històric de l'Escola Industrial del carrer Urgell, fundada al 1904, és l'antecessora de l'actual Escola d'Enginyeria de Barcelona Est (EEBE).

En el pla d'estudis 1972 de l'EUETIB (que va estar vigent fins el curs 94-95) l'assignatura de Dibuix Tècnic (codi 1401) impartia 4 hores setmanals de dibuix durant tot el primer curs (entre setembre i juny). Els professors històrics que impartien en aquell moment l'assignatura eren Joan Farrerons Oller, Pere Moreno i Pau Sola. El pla 72 va rebre diferents modificacions amb els anys, incorporant a inici dels 90 part de l'ensenyament amb suport d'AutoCAD. L'assignatura era única, però estava adaptada a cada una de les especialitats, per exemple a l'especialitat d'Enginyeria Electrònica, a més d'AutoCAD, també s'explicava TANGO (paquet d'Enginyeria Electrònica Assistida per Ordinador, CAE-E). El programa facilitava la representació d'esquemes electrònics, la realització de circuits impresos, la generació dels arxius necessaris per a la fabricació assistida per ordinador (CAM) i el disseny i simulació de PLD. Juntament amb TANGO també s'explicava Pspice a la simulació de circuits digitals i analògics. A l'especialitat mecànica utilitzava, a més de l'AutoCAD, el programa específic de disseny mecànic Mechanical Desktop i Rhinoceros. Aleshores, des del departament també s'oferien, amb molt èxit d'acceptació per part de l'alumnat, assignatures com Infografia per a la creació d'entorns realistes i imatge sintètica, on l'aplicació principal era 3D StudioMAX, tot i que també s'emprava POSER, BRYCES i Terragen.

Al pla d'estudis 1995 es va consolidar una part de l'assignatura de Dibuix Industrial per a Disseny Assistit per Ordinador (DAO). Els artífexs d'aquest canvi de pla en l'assignatura de Dibuix foren l'aleshores catedràtic Joan Antoni Ramírez Miralles i els professors titulars Ramon Blesa Serrano i Magí Galindo Anguera. No començaven de zero, perquè des de feia anys que s'impartia una porció de l'assignatura en CAD, i s'havia recollit part del temari en el llibre que els tres professors havien publicat poc abans titulat "DAO 2D Raíz del Diseño Industrial" (Blesa, Ramírez & Galindo, 1993).

El pla d'estudis 1995 va suposar una actualització-modernització en totes les assignatures que s'impartien a l'EUETIB, el que va implicar al setembre de 1995 la contractació d'una dotzena de professors joves entre els diferents departaments, la majoria recentment llicenciats, entre ells el que signa aquesta comunicació pel departament d'Enginyeria Gràfica (aleshores anomenat departament de Projectes a l'EUETIB).

L'assignatura de DAO preparada pels professors Ramírez, Blesa i Galindo utilitzava el programa Autocad, aleshores un estàndard forçament usat en el disseny industrial. Però a partir de 1997, el departament d'Expressió Gràfica a l'Enginyeria de l'EUETIB va decidir apostar per SolidWorks com eina de disseny gràfic, i en general per les TIC com a millora en l'aprenentatge de les tècniques d'Expressió Gràfica en l'Enginyeria Industrial (Farrerons, 2011).

2. Per què SolidWorks?

L'evolució de les xarxes informàtiques, l'increment de la potència de càlcul dels ordinadors, i la generació d'estàndards gràfics (GKS) i interfícies orientades a l'usuari (MOTIF) va provocar que, a finals dels 90, es comencés a treballar amb programari de CAD paramètric, variacional i associatiu (Farrerons & Olmedo, 2016). Per aquesta raó l'EUETIB, un dels centres pioners en l'adquisició del programari SolidWorks a les universitats espanyoles, va començar a impartir docència amb aquest tipus de programari. La concepció paramètrica combinada amb les funcions geomètriques intel·ligents (Features) i el disseny variacional i associatiu bidireccional, va permetre que l'alumnat recent titulat pogués tenir coneixements molt a l'avantguarda del moment.

La decisió de triar SolidWorks no va ser fàcil. Altres aplicatius com CATIA (Dassault, França), Unigraphics (EDS McDonnell Douglas, USA), CADDS (Computer visió, USA), AutoSURF i Mechanical Destop (Autodesk, Suïssa) o I-DEAS (SDRC, Structural dynamics Reseach Center, USA) eren els programes de CAD que s'utilitzaven de forma massiva a les enginyeries. D'entre tots, ProEngineer (Parametric) va ser el líder de vendes al 1996 amb el 95 % de les vendes a nivell mundial. Tot i això, el departament d'Expressió Gràfica de l'EUETIB va decidir l'adquisició de SolidWorks per la funcionalitat de les aplicacions i complements, l'increment del seu ús a la indústria catalana, la formació i suport del distribuïdor, el maquinari necessari i el cost.

El perquè del canvi de programari el podem trobar explicat a un article que es va publicar al 2010 signat pels aleshores professors de l'assignatura (García-Granada, A.A.; Brigos, M.; Gómez, S.; Sola, P.; Codina, E.; Alpiste, F.; Torner, J.; Farrerons, O.; Ibáñez, P.; Valverde, J.) que es titulava "La Escuela Universitaria de Ingeniería Técnica Industrial de Barcelona confía en SolidWorks desde 1997" (García et al., 2010). En aquest article es destacaven les raons del perquè ja abans de l'inici de segle XX es començava a usar SolidWorks a l'EUETIB: "El entorno familiar e intuitivo, la facilidad de aprendizaje por parte del alumnado, la rapidez de ejecución de los comandos, y la gran cantidad de material didáctico disponible". Els estudiants i professors disposaven de llicències gratuïtes i diversos recursos on-line, exercicis, presentacions, vídeos, apunts...

3. Projecte SolidWorks i espai europeu d'educació superior

El curs 2009-2010 l'EUETIB inicià els estudis de grau adaptats a l'Espai Europeu d'Educació Superior. Uns estudis de Grau que ja des d'aleshores tenien com a finalitat obtenir per part de l'estudiant una formació general orientada a la preparació de l'exercici professional. La metodologia aplicada en aquest nou enfocament posà èmfasi en els estudiants com a protagonistes del procés d'aprenentatge i es desenvolupà en crèdits ECTS (European Credit Transfer and Accumulation System), aportant millores significatives en l'ensenyament de la geometria espacial (Olmedo, Farrerons, Lapaz & Bermudez, 2017).

En la remodelació de l'assignatura pel pla d'estudis 2009 (actualment vigent), es va potenciar la idea d'un Projecte, que es desenvoluparia en grup de tres estudiants, i es treballaria de manera no presencial. Els professors del departament a l'EUETIB aleshores que van iniciar la remodelació eren: Andrés García, Enric Codina, Francesc Alpiste, Jordi Torner, Jose Luis Rodríguez, Jose Valverde, Josep Pardina, Miguel Brigos, Oscar Farrerons, Noelia Olmedo, Pedro V. Gabriel, Pep Ibáñez, Sergi Gómez, Francesc Tensa, Jose A. Moreno, Jordi Ivern, Bàrbara Sureda, Joan Antoni Ramírez, Pau Sola i Pere Moreno. La metodologia docent i la potenciació del Projecte suposava noves oportunitats en l'àmbit de l'Enginyeria Gràfica (Farrerons & Olmedo, 2014).

El Projecte que han de dissenyar els estudiants des d'aleshores representa la integració dels coneixements i habilitats obtingudes durant el curs. No obstant això, el repte de realitzar un projecte, porta els alumnes a investigar per si mateixos, de manera que normalment adquireixen més habilitats de les formalment ensenyades a classe. Des d'aquell moment, tots els alumnes dels cinc graus que estudiaven a l'EUETIB (Mecànica, Electrònica Industrial i Automàtica, Electricitat, Química, Biomèdica) desenvolupen un projecte en SolidWorks.

A les Figures 1 i 2 es pot veure dos dels primers projectes desenvolupats de manera autònoma pels estudiants seguint les premisses anteriors.

Figura 1. Projecte: Pedal bateria.
Curs 10-11
(D. Gili, A. Marco, J. Andujar)
(professor O. Farrerons)

Figura 2. Projecte: Longboard.
Curs 11-12.
(R. Carrera, S. Céspedes, I. Vázquez
(professor O. Farrerons)

4. Projecte a l'EEBE

Des del curs 2016-2017 l'EEBE ha substituït l'EUETIB. Hem passat de la històrica Escola Industrial del carrer Urgell al modern Campus Besós de la UPC, a tocar el Fòrum Barcelona. L'assignatura d'Expressió Gràfica, continua sent una assignatura troncal de 6 crèdits ECTS, que ara s'imparteix en set graus d'enginyeria (Mecànica, Electrònica Industrial i Automàtica, Electricitat, Química, Biomèdica, Materials, Energia), amb quasi 700 alumnes matriculats, repartits en 23 grups, on s'imparteix l'assignatura en català, castellà i anglès.

El Projecte de l'assignatura d'Expressió Gràfica suposa desenvolupar competències relacionades amb la capacitat de visió espacial i coneixements sobre les tècniques de representació gràfica, tant mitjançant mètodes tradicionals de geometria mètrica i descriptiva, com mitjançant les aplicacions de disseny assistit per ordinador (SolidWorks). Específicament també es valora la competència d'aprenentatge autònom (nivell 1), basada en dur a terme les tasques encomanades en el temps previst, tot treballant amb les fonts d'informació indicades, d'acord amb les pautes marcades pel professorat. Per la realització del projecte es preveu que l'estudiant dediqui 45 hores de treball, repartides en 15 hores. d'Activitats Dirigides i 30 hores d'Aprenentatge Autònom. El projecte té un pes total en la nota d'un 20 %, i és un dels elements més valorats de l'avaluació de la competència d'aprenentatge autònom (Olmedo, Farrerons, 2017).

5. Llista de reproducció projectes YouTube

Des del curs 2010-2011, l'autor d'aquesta comunicació, que ha estat professor de l'assignatura d'Expressió Gràfica ininterrompudament des de 1995, ha demanat als alumnes dels seus grups que, a més d'entregar el treball complet amb tot el que es demana de manera general al programa acadèmic de l'assignatura, també fessin un vídeo de curta durada (màxim 3 minuts) amb una animació mecànica del seu projecte. Els millors vídeos dels projectes més brillants es poden veure a la llista de reproducció YouTube "Projectes Expressió Gràfica (SolidWorks)": https://tinyurl.com/y4hbxzv9 , canal que té un total de 242 subscriptors actualment. Val a dir però, que a més dels projectes de l'assignatura d'Expressió Gràfica (1er Q.) també hi ha projectes de l'assignatura d'Ampliació d'Expressió Gràfica Disseny Mecànic (5è Q, assignatura obligatòria pels alumnes del grau d'Enginyeria Mecànica).

A hores d'escriure aquesta comunicació, a la llista de reproducció hi ha un total de 198 vídeos penjats, que sumen poc més de 50 mil visualitzacions. Els 10 vídeos més visualitzats es destaquen a la Taula 1, ressenyant curs, quadrimestre i nombre total de visualitzacions.

No s'observa un any de primacia amb més vídeos visualitzats, però si que es destaca un amb moltes visualitzacions (Grapadora). La majoria de les visualitzacions del vídeo de la grapadora estan fetes en els anys 2017 (13.080), 2018 (18.871) i 2019 (16.777).

Mirant les estadístiques generals del canal YouTube també podem saber que el 71,4 % de les visualitzacions són d'homes, i un 21,6 % de dones.

Vídeo	Curs	Quadrimestre	Visualitzacions
Grapadora	15-16	tardor	59.480
Ventilador	12-13	tardor	13.998
Gato mecánico	15-16	primavera	6.792
Banqueta pianista	16-17	tardor	6.141
Bomba hidràulica	12-13	primavera	3.711
Maquina cosir Sigma	14-15	tardor	3.483
Grua Leonardo da Vinci	13-14	tardor	2.216
Fusell AK-47	14-15	tardor	1.947
Maquina cosir Alfa	18-19	tardor	1.583
Longboard	11-12	tardor	1.298

Taula 1. Vídeos dels projectes amb més visualitzacions.
Font: elaboració pròpia

Les estadístiques, en quan a origen de la font de tràfic, indiquen que el 41.2 % accedeixen per vídeos suggerits, un 22.2 % per llistes de reproducció, un 17,2 % per cerca directa per YouTube, un 6.1 % per fonts externes, i altres situacions amb percentatges més baixos.

El 35.2 % de les visualitzacions estan identificades en les estadístiques de YouTube a Espanya, un 6.3 % a Mèxic, un 1.1 % a Brasil, i després segueixen amb inferiors més baixos: Colòmbia, Índia, Indonesia, Perú...

El 97.5 % de les visualitzacions són fetes per usuaris subscrits al canal, mentre que sols un 2.5 % són usuaris no subscrits a "Projectes Expressió Gràfica (SolidWorks)".

El nombre de vídeos de projectes per cada curs i/o quadrimestre és molt variable, i depèn del nombre de grups i alumnes que hagi tingut en cada quadrimestre, i de la qualitat dels propis projectes. Malgrat aquesta diversitat, si que s'ha volgut analitzar el nombre de vídeos per quadrimestres, com es pot veure a la Figura 3.

A la Figura 3 es pot observar que el màxim nombre de vídeos es concentra entre la tardor del curs 15-16 i la tardor del 16-17. Malgrat això, no sembla que es pugui concloure cap evidència respecte als cursos (ja que depenen de moltes altres variables, com l'horari, el nombre d'alumnes, etc...). Es pot comprovar que el número total de vídeos de la figura 1 no suma els 198 totals, perquè hi ha 4 vídeos que a YouTube no estan disponibles (per qüestions d'al·legacions dels drets de propietat musical bàsicament).

La temàtica dels projectes és molt variada, predominen els aparells mecànics (bicicleta, patinet, motors varis...), petits electrodomèstics (batedora, rentadora, assecador, maquineta, rellotge...), instruments musicals (piano, saxofon, guitarra, flauta...), Lego Technic (moto, StarWars...), drons, impressores, amassadores, grapadores, encenedors... Però el que més caracteritza la temàtica és la seva varietat, malgrat repetir

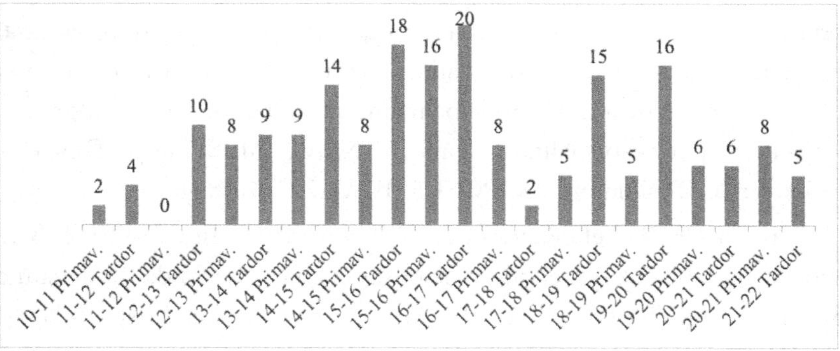

Figura 3. Nombre de vídeos per quadrimestre i curs.
Font: elaboració pròpia

el subjecte. Per exemple podem veure a les Figures 4 i 5, dos captures dels vídeos dels darrers projectes entregats.

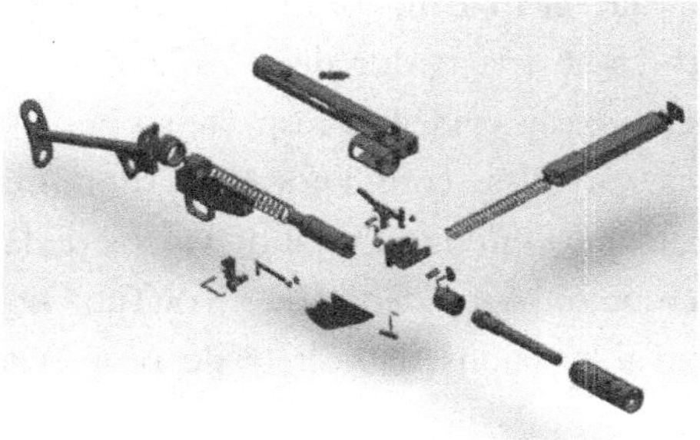

Figura 4. Projecte: Subfusil Sten. Curs 20-21
(D. Donadeu, E. Montes, I. Bizarro)
(professor O. Farrerons)

Figura 5. Projecte: Motor SH nitro. Curs 20-21
(S. Paretas, D. Martínez, J. Daza)
(professor O. Farrerons)

6. Conclusions

El departament de Projectes de l'antiga EUETIB va ser un dels primers centres universitaris a Espanya que va apostar per treballar amb programari CAD paramètric, variacional i associatiu. En un primer moment amb AutoCAD principalment, però també amb programes específics per especialitats com TANGO, Mechanical Desktop, Rhinoceros, 3D StudioMAX, POSER, BRYCES i Terragen.

A partir de 1997 el departament d'Enginyeria Gràfica de l'EUTIB va apostar per SolidWorks, el que va suposar la consolidació de l'assignatura de Dibuix que s'havia actualitzat en l'aleshores recent Pla d'Estudis 2009.

El trasllat de l'EUETIB al nou campus de Diagonal Besós de la Universitat Politècnica de Catalunya, amb la creació de l'Escola d'Enginyeria de Barcelona Est, ha suposat afermar i enrobustir l'assignatura d'Expressió Gràfica, que des d'aleshores s'imparteix a 700 alumnes de 1er. quadrimestres, en els 7 graus d'enginyeria de l'EEBE. L'aposta per l'aprenentatge autònom com a part del contingut de l'assignatura, mitjançant el projecte d'un mecanisme de base enginyeril suposa desenvolupar competències relacionades amb la capacitat de visió espacial i coneixements sobre les tècniques de representació gràfica, reforçant mètodes tradicionals de geometria mètrica i geometria descriptiva, mitjançant les aplicacions de disseny assistit per ordinador.

Des del curs 2010-2011 els millors projectes de l'assignatura d'Expressió Gràfica, desenvolupats amb SolidWorks, dels grups corresponents a l'autor d'aquesta comunicació, són visibles de manera senzilla i didàctica, gracies a la llista de reproducció de YouTube que acumula quasi 200 vídeos de projectes d'Enginyeria Gràfica, el que suposa una eina molt eficaç per explicar als alumnes que s'espera d'ells en el desenvolupament del seu propi projecte.

De les estadístiques de la llista de reproducció dels vídeos no es pot concloure res en especial més enllà de la variabilitat del nombre de vídeos per curs/quadrimestre, del nombre de visualitzacions, de l'origen dels visitants o de les temàtiques dels vídeos. Destaca que sols una cinquena part de les visualitzacions dels vídeos corresponen a dones, el que coincideix a grans trets amb la mitjana històrica de noies matriculades al graus d'enginyeria industrial a l'EUETIB-EEBE.

Agraïments

A Sergi Gómez González, professor del departament d'Enginyeria Gràfica i de Disseny des de fa molts anys, que amb els seus records i aportacions ha millorat el primer esbós de la comunicació.

Referències

Blesa, R., Ramírez, J. A., & Galindo, M. (1993). DAO 2D Raíz del Diseño Industrial. Barcelona: *Promociones y Publicaciones Universitarias* (PPU).

Farrerons, O. (2011). *Análisis de la influencia de las tecnologías de la información y la comunicación en el aprendizaje de las técnicas de expresión gráfica en la ingeniería industrial en España*. http://hdl.handle.net/2117/95180 (Consulta desembre 2021).

Farrerons, O. (2021). *Projectes Expressió Gràfica (SolidWorks)* https://tinyurl.com/y4hbxzv9 (Consulta desembre 2021).

Farrerons, O., & Olmedo, N. (2014). Nuevas oportunidades en el ambito de la ingeniería gráfica industrial. *Revista del Congrés Internacional de Docència Universitària i Innovació (CIDUI)*, 2, 1-14.

Farrerons, O., & Olmedo, N. (2016). *Las TIC y la Ingeniería Gráfica*. Terrassa: OmniaScience. https://doi.org/10.3926/oms.306

García, A., Brigos, M., Gómez, S., Sola, P., Codina, E., Alpiste, F. et al. (2010). La Escuela Universitaria de Ingeniería Técnica Industrial de Barcelona confía en SolidWorks desde 1997. *CAD Magazine*, 124, 14-16.

Olmedo, N., & Farrerons, O. (2017). Assessment of the autonomous learning competence in engineering degree courses at the Universitat Politècnica de Catalunya. *Journal of technology and science education*, 7(2), 86-99.

Olmedo, N., Farrerons, O., Lapaz, J., & Bermudez, F. (2017). The Influence of ICT on learning in graphic engineering. *Procedia - Social and behavioral sciences*, 237, 737-744.

Fabricación de films para envasado de alimentos a partir de nanocelulosa y carboximetilcelulosa

Julia Fernández-Santos
Cristina Valls
Oriol Cusola
M. Blanca Roncero
CELBIOTECH_Paper Engineering Research Group.

Resumen

Se han obtenido films con propiedades barrera avanzadas a partir de mezclar nanocelulosa cristalina (CNC) con nanocelulosa fibrilar (CNF) y el derivado celulósico carboximetilcelulosa (CMC), con el fin de aplicarlos como posibles sustitutos del plástico en la industria del envasado de alimentos. Tanto la CNF como la CMC mejoraron las propiedades de los films de CNC en términos de propiedades ópticas (presentaron una mayor resistencia al paso de la luz UV) y de propiedades barrera (una mayor resistencia al agua, al vapor de agua y al oxígeno). Se han obtenido resultados muy interesantes de resistencia al vapor de agua en presencia de humedades relativas altas en films con presencia de CMC. Los films que contenían CMC o CNF han presentado resistencia al oxígeno hasta HR del 80 % y 60 %, respectivamente. Todos los films obtenidos han resultado biodegradables, facilitándose su biodegradabilidad en presencia de la CMC o la CNF, con el alto valor añadido a nivel ambiental y sobre la salud que este hecho supone.

Abstract

Films with advanced barrier properties have been obtained by mixing crystalline nanocellulose (CNC) with nanofibrillated cellulose (CNF) and carboxymethylcellulose (CMC), with the aim of applying them as replacements for food packaging plastics. Both, CNF and CMC improved the properties of CNC films, in terms of optical (increased resistance to UV light) and barrier (increased resistance to water, water vapor and oxygen) properties. Very interesting vapor resistance results were obtained in the presence of high relative humidity in CMC films. CMC- and CNF-containing films were oxygen-resistant up to an RH level of 80% and 60%, respectively. The composite films studied were biodegradable, which constitutes a major environmental and health-related advantage.

1. Introducción

Tradicionalmente, los plásticos derivados del petróleo han sido los materiales utilizados para el envasado de alimentos, este hecho ha desencadenado en graves problemas para la salud y el medio ambiente (Rubilar, Candia, Cobos, Díaz & Pedreschi, 2016). Encontrar materiales alternativos, que satisfagan las necesidades del sector, pero que sean amigables con el medio ambiente y la salud, es uno de los retos más importantes que tenemos actualmente como sociedad en general y específicamente como científicos. Los plásticos derivados del petróleo presentan características que los han hecho idóneos para este sector, como es su amplia disponibilidad y sus buenas propiedades, pero el hecho de que no sean biodegradables ni renovables limitan mucho su uso en el panorama actual y futuro, no sólo porque sean requisitos funcionales, sino porque son atributos ambientales importantes (Tharanathan, 2003). Es en este escenario donde los polímeros de origen natural están alcanzando cada vez más importancia como posibles sustitutos. Necesitamos encontrar un material que presente los requerimientos de actuar como barrera a diferentes agentes, pero, además, que sea ecológico.

La celulosa es uno de los biopolímeros más abundantes que tenemos en el planeta. La nanocelulosa y los derivados celulósicos son materiales muy interesantes para la industria del envasado alimentario, ya que cumplen con los requerimientos ambientales y además presentan ciertas propiedades barrera (Tyagi, Lucia, Hubbe & Pal, 2019). Aunque, el comportamiento de estos materiales en presencia de humedad es una cuestión que debe mejorarse para poder pensar en ellos como una buena alternativa (Hubbe et al., 2017). Las propiedades de la nanocelulosa pueden ser diferentes en función del origen y la cristalinidad de la misma. La nanocelulosa vegetal puede estar en forma de nanocristales de celulosa (CNC) o en forma de nanofibras de celulosa (CNF).

La CNF presenta buenas propiedades barrera, pero en humedades relativas altas, se pierden (Tyagi et al., 2019). Aunque la CNC es menos sensible a la humedad, su alta fragilidad la hace muy poco manejable y su aplicabilidad se ve muy limitada. La carboximetilcelulosa (CMC) es un derivado de celulosa que presenta grupos carboxilos unidos a grupos hidroxilos del esqueleto de la celulosa (Heinze & Pfeiffer, 1999). Debido a sus propiedades fisicoquímicas y biológicas, la CMC se ha utilizado como un material de barrera al oxígeno y al dióxido de carbono, como espesante, etc. (Kono, 2014). Aunque como en el caso de la nanocelulosa, en presencia de humedad, las propiedades barrera de la CMC se ven afectadas.

En el presente trabajo se plantea la hipótesis de que al mezclar los diferentes tipos de estas celulosas se podrían obtener films con unas máximas propiedades, como resultado de la suma de los efectos de cada una de ellas. Ya que, por separado, se observa que en general no consiguen dar lugar a unos films con una totalidad de las propiedades barrera. Así, el objetivo de este trabajo ha sido combinar la CNC con CNF y con CMC, en diferentes porcentajes, para obtener films con unas propiedades barrera que puedan ofrecer soluciones a las preocupaciones mencionadas. Además, se pretende conseguir unas óptimas propiedades ópticas.

Para el desarrollo de este trabajo, por un lado, se construyeron films a partir de mezclar la CNC con la CNF y, por otro lado, a partir de CNC y CMC. Posteriormente se caracterizaron los films obtenidos. En ambos casos se realizaron mezclas en diferentes porcentajes, tratando de abordar las máximas posibilidades posibles. La caracterización consistió en un estudio de las propiedades barrera al agua, al vapor de agua y al oxígeno; de las propiedades ópticas; y, además, se llevó a cabo un ensayo de biodegradabilidad de los films.

2. Material y métodos

2.1. Materiales

Como materia prima principal se han utilizado nanocelulosa cristalina (CNC) y nanocelulosa fibrilar compradas a la Universidad de Maine (Maine, Estados Unidos). Para la síntesis de la carboximetilcelulosa (CMC) a partir de línters de algodón se han utilizado los siguientes productos comprados en PanReac AppliChem (Germany): alcohol isopropilo ($CH_3CHOHCH_3$, 99.8 %), hidróxido sódico (NaOH, 100 %), metanol (CH_3OH, 99.5 %), ácido acético (CH_3COOH, 99.5 %) y etanol (CH_3CH_2OH, 99.8 %). El ácido monocloroacético ($C2H_3ClO_2$, 100 %) se obtuvo de Merck kGaA (Germany). Y los línters de algodón de Celesa (Celulosa de levante, s.a.).

2.2. Carboximetilcelulosa (CMC)

La CMC ha sido obtenida siguiendo el método descrito por Browning, 1967. Para la determinación del grado de sustitución se ha utilizado el método descrito por Toğrul y Arslan (2003).

2.3. Carboximetilcelulosa (CMC)

Para obtener películas con propiedades avanzadas se mezcló CNC/CMC y CNC/CNF en las siguientes proporciones: 0/100, 20/80, 40/60, 50/50, 60/40, 80/20 y 100/0). Para una correcta homogeneización, la mezcla entre CNC y CMC se agitó con agitación vigorosa durante una hora; y la mezcla entre CNC y CNF se sonicó durante 20 min en una punta de ultrasonido (BransonTM). Las suspensiones se depositaron sobre una superficie de plástico de poliestireno y se dejaron evaporar en condiciones de humedad (50 % RH) y temperatura (23 °C) controladas, durante aproximadamente 5 días.

2.4. Caracterización de los films

2.4.1. Propiedades ópticas

Se midió la transmitancia de la película a 600 nm. La transparencia de las películas se calculó a partir del porcentaje de transmitancia de luz a 600 nm, siguiendo la ecuación 3 (Han & Floros, 1997).

$$\text{Transparencia} = ((-\log\% \ T600) / x) \quad (3).$$

Donde % T600 es el porcentaje de transmitancia a 600 nm y x es el espesor de la película (mm).

2.4.2. Propiedades barrera

La absorción al agua fue evaluada según la norma TAPPI T835, la cual indica que debe medirse el tiempo que tarda en desaparecer el brillo especular de una gota de agua depositada sobre la superficie de medida (WDT-water drop test). La hidrofobicidad fue analizada mediante el ángulo de contacto con el agua (WCA), utilizando un goniofotómetro de ángulo de contacto Dataphysics OCA15EC con una relación de captura de imagen de 25 fotogramas/s. Se depositó una gota de agua de 4 µL en la superficie de la muestra y se realizaron al menos 2 mediciones para cada muestra.

La permeancia al oxígeno se midió utilizando MOCON OX-TRAN®, Modelo 1/50, con una concentración de oxígeno del 100 % a 23 °C de temperatura y una humedad relativa del 0, 20, 60 y 90 %. La tasa de transmisión de vapor de agua (WVTR, *water vapor transmission rate*) de los films se midió de acuerdo con el procedimiento estándar ISO 2528 (2017) a 25 °C y a dos humedades relativas, 50 % y 90 % de HR.

2.4.3. Biodegradabilidad de los films

Para estudiar la biodegradabilidad aeróbica final de los films obtenidos se adaptó la metodología de la norma UNE-EN ISO 17556 tal y como se explica en Fernández-Santos et al., 2021. Este ensayo se realizó bajo condiciones controladas de compostaje, con el fin de determinar la biodegradabilidad del material degradado. Para ello, una tasa constante de aire libre de CO_2 se inyectó a las muestras y se midió el CO_2 generado después de 90 días de ensayo.

3. Resultados y discusión

3.1. Obtención y grado de sustitución de la CMC

Se ha obtenido CMC con un valor de DS de 0,56 a partir de línters de algodón en el laboratorio. El DS desempeña un papel importante en la solubilidad en agua de la CMC. Su hidroafinidad aumenta con el aumento de DS. Waring y Parsons (2001) establecieron que un polímero con un DS por debajo de 0,4 es insoluble, mientras que por encima de ese valor es totalmente soluble; en nuestro caso hemos corroborado que con un DS de 0,56 la CMC es soluble en agua, lo cual la hace viable para ser mezclada con la CNC y para otras aplicaciones industriales. Zhang et al., 2020 reportaron valores de DS para una CMC obtenida en el laboratorio de 0,23; 0,46 y 0,58.

3.2. Propiedades ópticas

Los envases transparentes permiten a los consumidores evaluar la calidad de los alimentos al observar su frescura, por lo tanto, la transparencia es una de las propiedades que suele requerirse para muchos envases destinados a alimentos. En la Figura 1 podemos observar los resultados obtenidos para los diferentes films, con diferentes porcentajes de CMC o CNF. Como podemos ver, tanto el film 100 % CNC como el film 100 % CMC presentan unos valores altos de transparencia (56.08 % y 77.85 % respectivamente). El film 100 % CNF tiene una transparencia

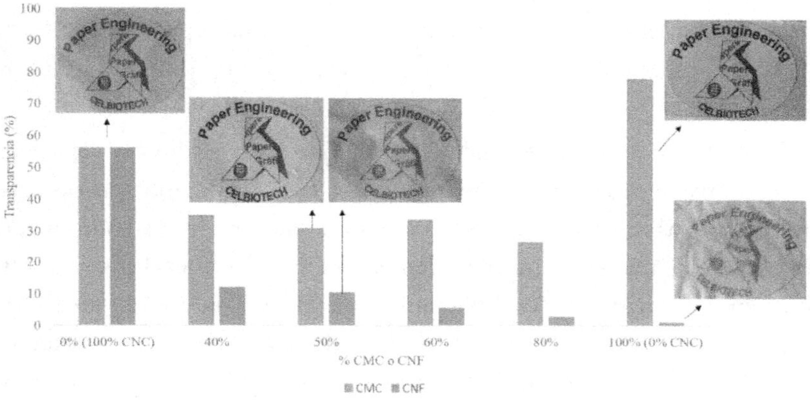

Figura 1. Transparencia de los films obtenidos al combinar la CNC con CMC o CNF en diferentes porcentajes.
Fuente: elaboración propia

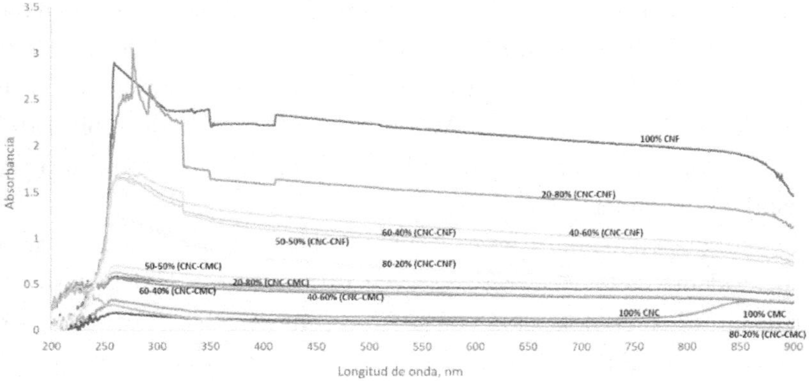

Figura 2. Curvas de absorción de los films obtenidos a partir de las diferentes combinaciones de CNC con CMC o CNF.
Fuente: elaboración propia

considerablemente inferior. Por lo tanto, a medida que aumentamos el porcentaje de CNF a la CNC disminuye la transparencia. La disminución de la transparencia debido a la CNF ha sido reportado por otros autores, al ser ésta mezclada con CNC (Claro et al., 2019) o con CMC (Oun & Rhim, 2016).

Además, se ha medido la absorción de luz para evaluar la capacidad de los films de proteger de la radiación UV. Como podemos observar en la Figura 2, las mezclas con CNF son las que presentan una componente de absorción mayor, aunque podemos ver que las mezclas con CMC también presentan esta componente en mayor medida que el film 100 % CNC. Por lo tanto, la adición, tanto de CMC como de CNF, incrementa el bloqueo de transmisión de la luz UV, protegiendo a los alimentos de las reacciones químicas causadas por este tipo de luz (Karaoglan, Keklik & Develi Isıklı, 2019).

3.3. Propiedades barrera

3.3.1. Resistencia al agua

Se ha evaluado la capacidad de absorción de agua de los diferentes films a través del water drop test (WDT), método que indica el tiempo que necesita el film para absorber una gota de agua. Por otro lado, se ha medido el ángulo de contacto (WCA) para estudiar la hidrofobicidad de los films. Se puede observar en la Figura 3a) que el tiempo necesario para absorber una gota de agua es menor en los films de 100 % CMC (20 min) que en los films 100 % CNC (55 min). Estos resultados eran de esperar debido a la presencia de grupos carboxilo en la CMC y a su baja cristalinidad en comparación con la CNC (Oun & Rhim, 2016). A partir del 20 % de CMC el WDT disminuye de forma drástica alcanzando rápidamente los valores correspondientes al 100 % CMC. En cuanto al efecto de la adición de CNF se observa que aproximadamente mantiene los valores de WDT que proporcionan los films de 100 % CNC.

En relación al WCA, en comparación con el film 100 % CNC (44,7° ± 2.5), el film de CMC-100 % presenta un WCA de 65,9 °± 0.25, ángulo de contacto mayor que el reportado por Oun & Rhim (2016) (41 °C), Ezati, Priyadarshi, Bang y Rhim (2021) (41,9 °) y Kim, Roy y Rhim (2021) (33,9 °). Y el WCA (79,0 ± 6.6 °) de los films 100 % CNF fue superior a los reportados por Kim et al. (2021) (45 °) y por Ezati, Priyadarshi, Bang y Rhim (2021) (59,3 °). Las propiedades de WDT y WCA no siempre van ligadas. De hecho, recientemente Fern et al. (2021) han obtenido que la adición de plastificantes en los films de CNC aumenta el WDT, pero disminuye el WCA. Como se muestra en la Figura 3b, y contrariamente a los resultados de WDT Figura 3a, la adición de CMC aumenta el WCA.

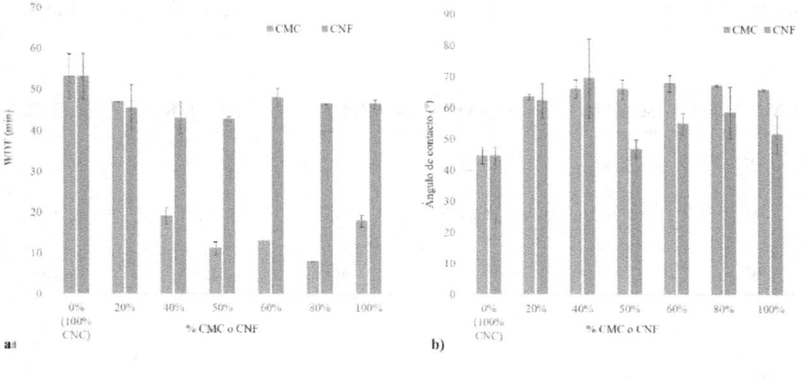

Figura 3. a) WDT y b) ángulo de contacto de los films obtenidos al combinar la CNC con CMC o CNF en diferentes porcentajes.
Fuente: elaboración propia

3.3.2. Resistencia al vapor de agua

Se ha evaluado la resistencia al vapor de agua, ya que ésta es una de las propiedades más críticas en la industria del packaging alimentario, ya que en algunos alimentos se debe evitar o disminuir lo máximo posible la transferencia de humedad a través del envase (Saha et al., 2016; Tajik et al., 2013). Como podemos observar en la Tabla 1, se ha medido esta propiedad a dos humedades relativas, 50 y 90 %. Si nos centramos en 50 % de HR, podemos ver que a medida que aumentamos el porcentaje de CMC o CNF disminuye el valor, por lo tanto, aumenta la resistencia al vapor de agua. Pero, más interesantes aún son los resultados obtenidos bajo condiciones drásticas de humedad, al 90 %, ya que podemos observar que la CMC y la CNF hacen el film más resistente, pero esta mejora es mucho más notable cuando se incrementa la proporción de CMC. Se puede apreciar que el WVTR disminuye significativamente a partir del 40 % en CMC, bajando progresivamente hasta el valor del film 100 % CMC. Sorprendentemente, este film dio un resultado muy bajo de WVTR al 90 % (3.38 g / m^2 * day), valor similar al obtenido cuando se ha medido al 50 % HR. Sin embargo, Kim et al. (2021) obtuvieron valores más bajos de WVTR para los films de CNF que el film de CMC.

CMC (%)	50% HR	90% HR	CNF (%)	50% HR	90% HR
0	3.18	46.21	0	3.18	46.21
20	4.19	45.93	20	1.28	36.46
40	2.86	48.06	40	2.45	34.23
60	1.36	20.73	60	2.12	31.74
80	0.93	18.94	80	1.31	32.33
100	1.21	3.39	100	1.23	38.71

Tabla 1. Resistencia al vapor de agua (g / m^2 * día) de los films obtenidos de CNC con los diferentes porcentajes añadidos de CMC o CNF, a 50 y 90 % de HR. Fuente: elaboración propia

3.3.3. Permeabilidad al oxígeno

A la hora de estudiar la permeabilidad al oxígeno (OP), la humedad relativa es un factor clave en el comportamiento de los films ante esta propiedad. Por ello, se ha llevado a cabo un análisis del OP de los films desde 0 % de HR hasta humedades altas (90 %). El film de CNC 100 % pierde la resistencia al oxígeno a partir del 20 % y de hecho no se pudieron realizar más medidas porque a partir de 60 % de RH el film se rompía. Estos resultados concuerdan con los obtenidos por Fernández-Santos et al. (2021), donde observaron este comportamiento de la CNC, la cual la mejoraron con la adición de diferentes aditivos. Se observa en la Figura 4 que al incrementar la proporción tanto de CMC como de CNF la permeabilidad al oxígeno es nula hasta el 60 % HR. De Oliveira et al., 2021 obtuvieron una mejora en la permeabilidad al oxígeno cuando aumentaron el porcentaje de CMC añadido a films basados en proteína de la soja. Tyagi et al. (2019a) reportaron que la CNF tiene unas excelentes propiedades barrera contra el oxígeno, las cuales disminuyen mucho en presencia de humedad; sin embargo, la CNC es menos sensible a la humedad debido a su alta cristalinidad, pero su limitación surge con su alta fragilidad, la cual la lleva a fracturarse muy fácilmente y por tanto dejar pasar el oxígeno. Esta tendencia se ha visto también en nuestros resultados. Cuando mezclamos la CNC y la CNF mejoramos la permeabilidad al oxígeno en relación a un film de CNC 100 % o CNF 100 %. Se ha reportado que valores de OP entre 40-400 cm^3 µm/ m^2 ·día ·atm se dan en materiales con una alta barrera al oxígeno. Por lo que nuestros films, cuando no superamos una HR del 60 %, son impermeables al oxígeno. Cuestión muy importante y destacable para poder pensar en ellos como films para el envasado de alimentos, ya que proporcionarán una protección al alimento frente al oxígeno y las diferentes degradaciones que este gas puede dar.

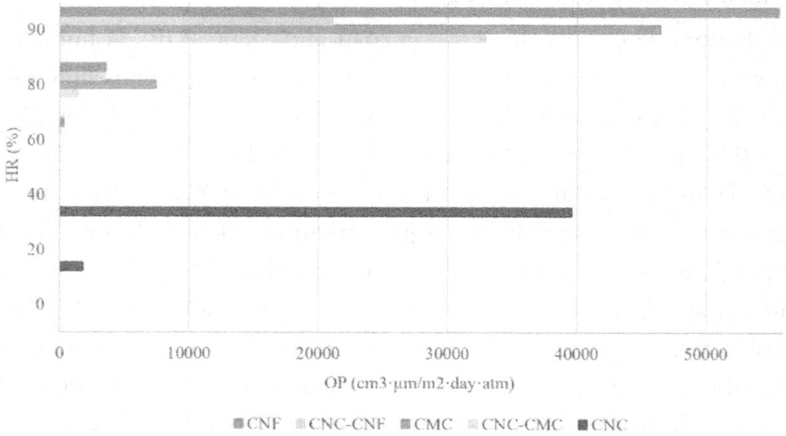

Figura 4. OP de los films obtenidos a partir de CNC, CMC, CNF y sus combinaciones (50-50%), a diferentes humedades relativas.
Fuente: elaboración propia

3.4. Biodegradabilidad

Mantener la biodegradabilidad de los films después de combinar las diferentes nanocelulosas y con la CMC, es un factor importante.

En la tabla 2 podemos observar los resultados del CO_2 acumulado después de 90 días de ensayo para los diferentes films. Como podemos observar, la cantidad de CO_2 acumulado fue mayor para los films que contienen CMC y CNF. El film de CNC da lugar a una menor cantidad de CO_2 acumulado, lo que significa que los microorganismos han generado menos CO_2 durante su metabolismo. El film más fácilmente biodegradado fue el film de CNC + CNF, seguido por el film de CNC + CMC, el film de CMC, y el de CNF. Por tanto, se observa que la CNF es más fácilmente degradada que la CNC, esto podría explicarse debido a la presencia de zonas amorfas en la celulosa que la harían más accesible a los microorganismos. En cuanto a la CMC, el hecho de ser menos cristalina que las otras dos podría haber aumentado el acceso a los microorganismos. Estos resultados se consideran muy importantes para la justificación medioambiental de la sustitución de materiales plásticos, que no son biodegradables y suponen un gran problema tanto medioambiental como económico y sobre la salud.

CNC	CMC	CNC-CMC	CNF	CNC-CNF
35.79	349.51	415.65	191.33	471.39

Tabla 2. Biodegradabilidad, medida como CO2 acumulado (mg) en 90 días, de los diferentes films obtenidos (50-50 % en las mezclas).
Fuente: elaboración propia

4. Conclusiones

En este estudio, se han mezclado nanocelulosas (cristalina-CNC y fibrilar-CNF) y nanocelulosa cristalina (CNC) con CMC (DS 0,56) en diferentes porcentajes para la obtención de films con propiedades avanzadas y su posible aplicación en la industria del envasado alimentario. Los films obtenidos a partir de la CMC han sido los que han presentado mayor transparencia, mientras que la CNF otorga opacidad a los films. Tanto la CMC como la CNF aportan protección frente a la radiación UV, aspecto muy interesante para evitar los efectos negativos que esta tiene en los alimentos.

Los films resultantes de las mezclas (CNC-CMC y CNC-CNF) han dado lugar a films más hidrofóbicos, sobre todo en el caso de la CNF. En relación a los resultados obtenidos de resistencia al vapor de agua, destacan los obtenidos bajo condiciones drásticas de humedad (90%HR); tanto la CNF como la CMC mejoran la resistencia al vapor de agua de los films, aunque los valores más interesantes se han obtenido con la CMC. Los films obtenidos a partir de CMC 100 %, CNF 100 %, de la mezcla de CNC-CMC y de la mezcla de CNC-CNF, cuando no superamos una humedad relativa de 60 %, tienen una alta barrera al oxígeno, protegiendo al alimento de las diferentes degradaciones que puede causar el oxígeno. Finalmente, para dar más soporte a la justificación medioambiental del uso de estos films como sustitutos a materiales plásticos, se ha llevado a cabo un ensayo de biodegradabilidad de los films, resultando todos ellos biodegradables después de 90 días de ensayo.

Agradecimientos

Esta publicación forma parte del proyecto PID2020-114070RB-I00 (CELLECOPROD), financiado por MCIN/AEI/10.13039/501100011033. Agradecemos también a la Beca Serra Húnter otorgada a Oriol Cusola.

Referencias

Browning, B. L. (1967). *Carboxymehylcellulose. Methods of Wood Chemistry.* Vol. II. Interscience New York/London/Sydney.

Claro, P., de Campos, A., Corrêa, A., Rodrigues, V., Luchesi, B., Silva, L. et al. (2019). Curaua and eucalyptus nanofiber films by continuous casting: mixture of cellulose nanocrystals and nanofibrils. *Cellulose*, 9, 2453–2470.

de Oliveira, M. M. G., de Souza Silva, K., & Mauro, M. A. (2021). Evaluation of Interactions Between Carboxymethylcellulose and Soy Protein Isolate and their Effects on the Preparation and Characterization of Composite Edible Films. *Food Biophysics*, 16(2), 214–228.

Ezati, P., Priyadarshi, R., Bang, Y. J., & Rhim, J. W. (2021). CMC and CNF-based intelligent pH-responsive color indicator films integrated with shikonin to monitor fish freshness. *Food Control*, 74(1–3), 69–117.

Fernández-Santos, J., Valls, C., Cusola, O., & Roncero, M. B. (2021). Improving Filmogenic and Barrier Properties of Nanocellulose Films by Addition of Biodegradable Plasticizers. *ACS Sustainable Chemistry and Engineering.*

Han, J. H., & Floros, J. D. (1997). Casting antimicrobial packaging films and measuring their physical properties and antimicrobial activity. *Journal of Plastic Film and Sheeting,* 13(4), 287–298.

Heinze, T., & Pfeiffer, K. (1999). Studies on the synthesis and characterization of carboxymethylcellulose. *Die Angewandte Makromolekulare Chemie,* 266(1), 37–45.

Hubbe, M., Rojas, O. J., Hubbe, M. A., Ferrer, A., Tyagi, P., Yin, Y. et al. (2017). Nanocellulose in Thin Films , Coatings , and Plies for Packaging Applications: A Review Nanocellulose in Thin Films , Coatings , and Plies for Packaging Applications: A Review. *BioResources,* 12(February), 2143–2233.

Karaoglan, H. A., Keklik, N. M., & Develi Isıklı, N. (2019). Degradation kinetics of anthocyanin and physicochemical changes in fermented turnip juice exposed to pulsed UV light. *Journal of Food Science and Technology*, 56(1), 30–39.

Kim, H. J., Roy, S., & Rhim, J. W. (2021). Effects of various types of cellulose nanofibers on the physical properties of the CNF-based films. *Journal of Environmental Chemical Engineering*, 9(5), 106043.

Kono, H. (2014). Characterization and properties of carboxymethyl cellulose hydrogels crosslinked by polyethylene glycol. *Carbohydrate Polymers*, 106(1), 84–93.

Oun, A. A., & Rhim, J. W. (2016). Isolation of cellulose nanocrystals from grain straws and their use for the preparation of carboxymethyl cellulose-based nanocomposite films. *Carbohydrate Polymers*, 150, 187–200.

Rubilar, J. F., Candia, D., Cobos, A., Díaz, O., & Pedreschi, F. (2016). Effect of nanoclay and ethyl-Nα-dodecanoyl-l-arginate hydrochloride (LAE) on physico-mechanical properties of chitosan films. *LWT - Food Science and Technology*, 72, 206–214.

Saha, N. R., Sarkar, G., Roy, I., Rana, D., Bhattacharyya, A., Adhikari, A., … Chattopadhyay, D. (2016). Studies on methylcellulose/pectin/montmorillonite nanocomposite films and their application possibilities. *Carbohydrate Polymers*, 136, 1218–1227.

Tajik, S., Maghsoudlou, Y., Khodaiyan, F., Jafari, S. M., Ghasemlou, M., & Aalami, M. (2013). Soluble soybean polysaccharide: A new carbohydrate to make a biodegradable film for sustainable green packaging. *Carbohydrate Polymers*, 97(2), 817–824.

Tharanathan, R. N. (2003). Biodegradable films and composite coatings: Past, present and future. *Trends in Food Science and Technology*, 14(3), 71–78.

Toğrul, H., & Arslan, N. (2003). Production of carboxymethyl cellulose from sugar beet pulp cellulose and rheological behaviour of carboxymethyl cellulose. *Carbohydrate Polymers*, 54(1), 73–82.

Tyagi, P., Lucia, L. A., Hubbe, M. A., & Pal, L. (2019). Nanocellulose-based multilayer barrier coatings for gas, oil, and grease resistance. *Carbohydrate Polymers*, 206(October 2018), 281–288.

Waring, M. J., & Parsons, D. (2001). Physico-chemical characterisation of carboxymethylated spun cellulose fibres. *Biomaterials*, 22(9), 903–912. Retrieved from http://www.ncbi.nlm.nih.gov/pubmed/11311009

Zhang, C., Yang, X., Li, Y., Qiao, C., Wang, S., Wang, X., … Li, T. (2020). Enhancement of a zwitterionic chitosan derivative on mechanical properties and antibacterial activity of carboxymethyl cellulose-based films. *International Journal of Biological Macromolecules*, 159, 1197–1205.

Trazado de curvas equidistantes y su aplicación en la resolución de problemas de tangencias

I. Lugares geométricos de las distancias a una entidad simple

José Luis Lapaz Castillo
ESEIAAT. Departament d'Enginyeria Gràfica i de Disseny (UPC)

Cesc Mestres-Domènech
ESEIAAT. Enginyeria de Projectes i de la Construcció (UPC)

ESEIAAT. Enginyeria Gràfica i de Disseny (UPC)

Bernat Faura López de Haro
ESEIAAT. Departament d'Enginyeria Gràfica i de Disseny (UPC)

Resumen

Esta comunicación recupera y revisa una ponencia presentada con motivo del II Congreso de Expresión Gráfica en la Ingeniería, celebrado en junio de 1990 en La Rábida (Huelva).
El texto se ha articulado en 4 partes:

- I Lugares geométricos de las distancias a una entidad simple.
- II. Lugares geométricos de las equidistancias entre 2 entidades simples
- III. Lugares geométricos de las equidistancias entre 3 entidades simples. Resolución por reducción al caso de dos entidades.
- IV. Lugares geométricos de las distancias y equidistancias a entidades simples. Justificación del tipo de curvas obtenidas.

Lo expuesto a continuación se corresponde con la Parte I.

Abstract

This communication retrieve and review a paper presented on the occasion of the II Congress of Graphic Expression in Engineering, held in June 1990 in La Rábida (Huelva).
It has been divided into 4 parts:

I. Previous Concepts. Geometric place of the distances to a simple entity.
II. Geometric places of the equidistance between 2 simple entities
III. Geometric places of the equidistance between 3 simple entities. Resolution by reduction to the case of two entities.
IV. Geometric places of distances and equidistance to simple entities. Justification of the type of curves obtained.

What follows corresponds to the Part I.

1. Introducción

En la docencia de la geometría plana, aparecen dos condicionantes a la hora de resolver problemas complejos de tangencias:

- Falta de preparación en el alumnado.
- Excesiva carga lectiva para poder explicar su resolución.

Con esta finalidad se aplica la intersección de lugares geométricos particulares. En concreto curvas equidistantes (cónicas) como herramienta en sí, de manera que no sean necesarios amplios conocimientos de la teoría del dibujo técnico.

¿Qué ventajas tiene este método? Se pueden citar algunas de ellas:

En problemas de tangencias evita aplicar conceptos tales como eje radical, centro radical, inversión, homotecia,... obteniendo los mismos resultados, pero de una forma más rápida y simple.

Es un método muy apropiado para su implantación mediante ordenador, gracias a que permite la parametrización y vectorización de procesos.

Es muy fácil de entender y no requiere de amplios conocimientos de dibujo técnico. Por ello puede ser aplicado por personas no iniciadas en la materia, de hecho, es bastante intuitivo.

Como inconveniente principal está el error que se comete, puesto que es un método aproximado. No obstante, se puede minimizar el error en razón directa a la precisión con la que se trabaje. Esto es aún más factible si operamos mediante ordenador, en cuyo caso pasa a considerarse insignificante.

Esto no es tan grave si consideramos que gran parte de las técnicas geométricas habituales son aproximadas, dado que el número pi es irracional. Además, es casi imposible anular el error que se comete en las construcciones geométricas.

2. Conceptos previos

2.1. Entidades simples o elementos básicos de la geometría plana

Consideraremos como elementos básicos de la geometría plana, aquellas entidades simples a partir de las cuales es posible desarrollar otros elementos de mayor complejidad morfológica, tales como figuras planas (óvalos, ovoides, polígonos, etc.).

De entre las entidades simples destacaremos tres: el punto (entidad más simple), la recta y la circunferencia que, junto con los procedimientos de la geometría, nos servirán para realizar la mayoría de construcciones geométricas planas.

2.2. Lugares geométricos. Concepto y ejemplos

Un lugar geométrico (l.g.) lo forman aquel conjunto de puntos que cumplen una determinada propiedad o satisfacen una condición.

Hay lugares geométricos **bi** y **tridimensionales**. Nosotros nos ocuparemos de los primeros, de entre los que podemos citar, a modo de ejemplo:

1) **La circunferencia**: l.g. de los puntos del plano que están situados a una distancia R constante (llamada radio) de un punto fijo, que denominamos centro de la circunferencia.

2) **Arco capaz**: l.g. de las posiciones del vértice de un ángulo cuyos lados pasan por 2 puntos fijos.

3. Lugares geométricos de las distancias y equidistancias

3.1. Distancias a una entidad simple

Punto

Dado un punto P, es posible situar otros puntos a una distancia K de él.

Al valor K le denominamos orden de la distancia y nos da una idea del alejamiento de los puntos respecto al lado.

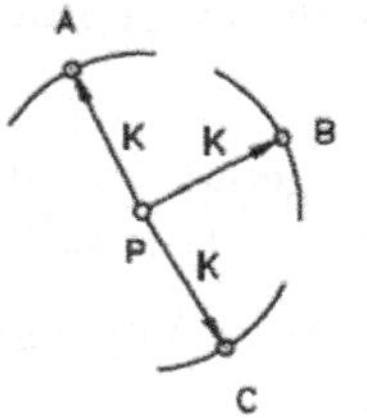

Figura 1

-**Teorema**: el l.g. que describen los puntos situados a una distancia K de un punto dado P (l.g. PK), es una circunferencia de radio igual a K y centro en el punto P.

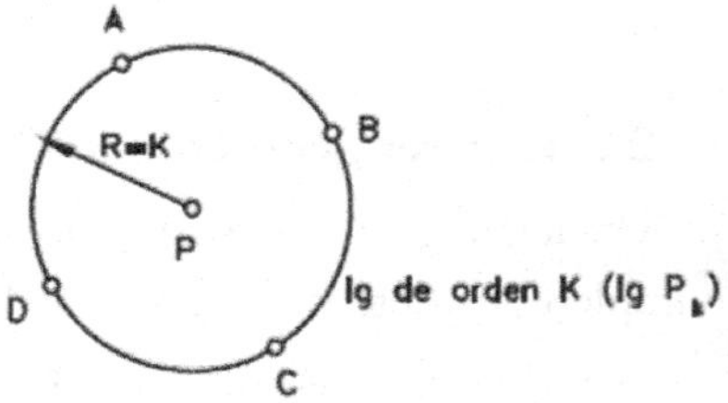

Figura 2

-**Corolario**: este l.g. lo es, además, de los centros de las circunferencias de radio K y que pasan por el punto P.

Variando el orden de la distancia, obtenemos nuevos lugares geométricos.

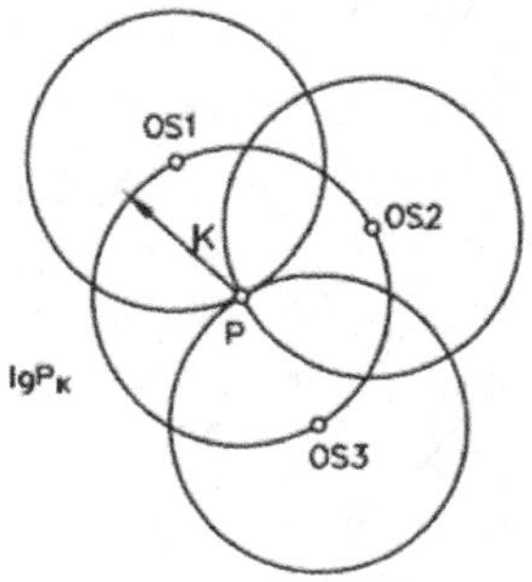

Figura 3

-**Conclusión**: los l.g. de las distancias a un punto P, son circunferencias concéntricas y con centro en dicho punto.

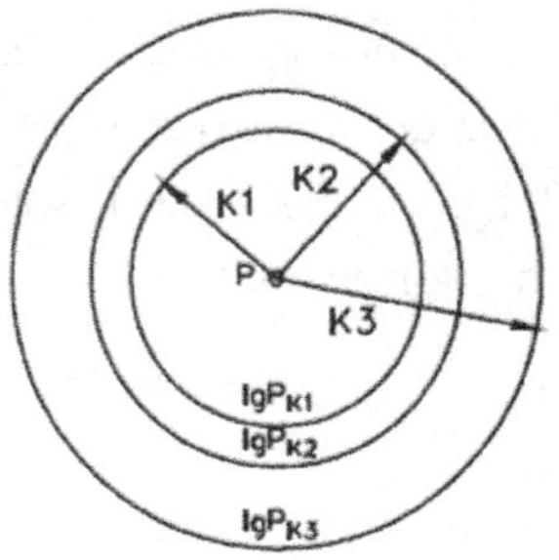

Figura 4

Recta

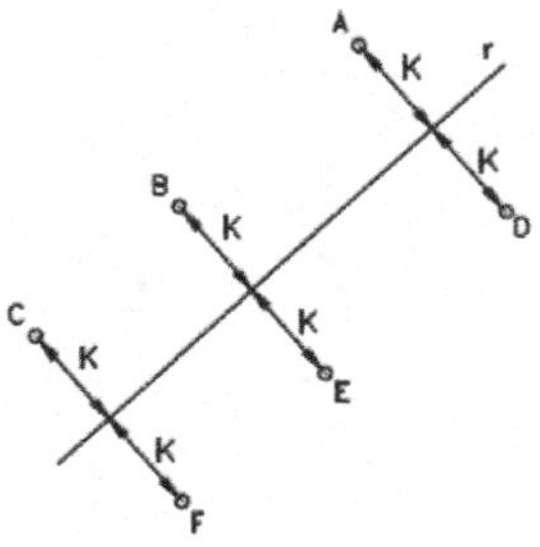

Figura 5

Dada una recta r, es posible situar otros puntos a una distancia K de ella medida perpendicularmente.

Si consideramos que la recta divide al plano en 2 semiplanos iguales, las distancias pueden ser tomadas hacia uno u otro semiplano. Es por ello que aparecen 2 l.g. en lugar de 1 sólo como ocurría en el caso anterior del punto.

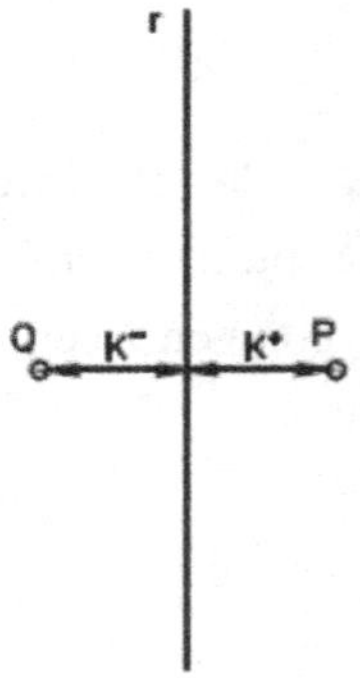

Figura 6

-**Convenio**: diremos que el punto P está situado a una distancia de orden K+ de la recta y que al punto Q lo está a una distancia de orden K- de la recta.

Semiplano	superior »	Distancias	del	orden	(+)
"	inferior »	"	"	"	(-)
"	izquierdo »	"	"	"	(-)
"	derecho »	"	"	"	(+)

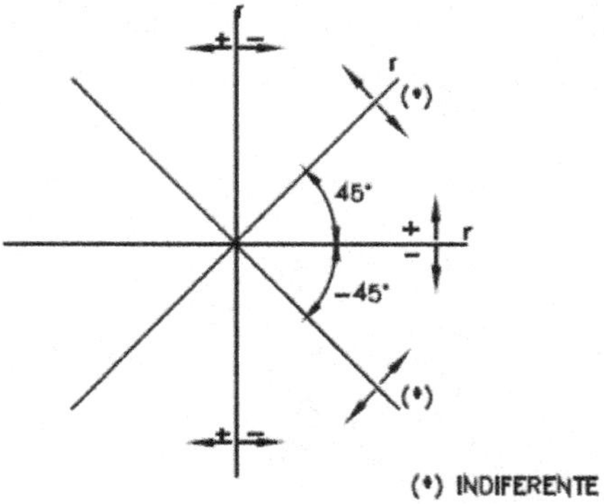

Figura 7

-**Teorema**: el l.g. que describen los puntos situados a una distancia K de una recta dada r, es doble y lo constituyen 2 rectas paralelas a la dada, a distancias K+ y K- respectivamente de ella.

Se verificará que:

L.g.rK = {l.g.rK + l.g.rK-}

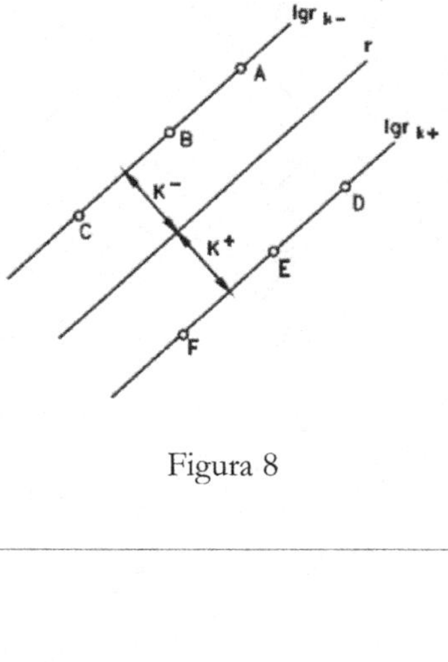

Figura 8

-**Corolario**: este l.g. doble lo es, además, de los centros de las circunferencias de radio K que son tangentes a la recta dada r.

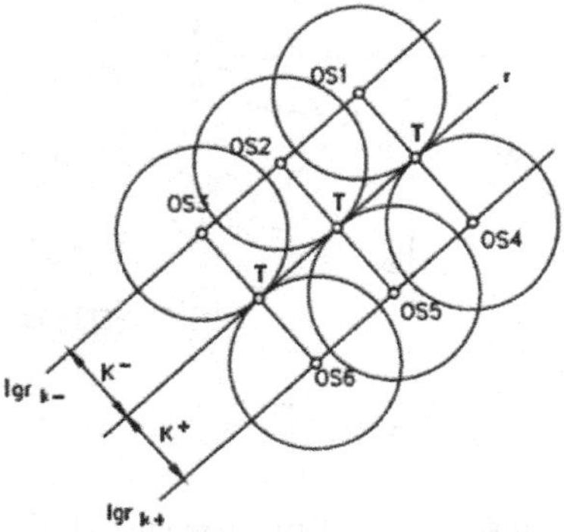

Figura 9

-**Conclusión**: los l.g. de las distancias a una recta, son rectas paralelas a ella.

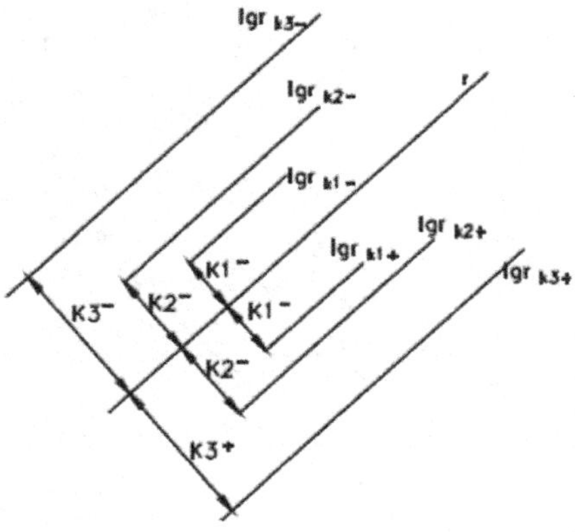

Figura 10

Circunferencia

Dada una circunferencia de radio R, podemos situar 2 puntos, P y Q, a una K de ella, sabiendo que las distancias a una circunferencia se miden radialmente a ella, partiendo de los puntos de su contorno y no de su centro.

La circunferencia divide el plano en 2 zonas: una está formada por los puntos interiores a ella y la otra por los exteriores, siendo los puntos de la circunferencia la frontera de ambas.

-**Convenio**: las distancias medidas en sentido exterior a la circunferencia son **distancias de orden positivo** y las medidas en sentido interior **distancias de orden negativo**.

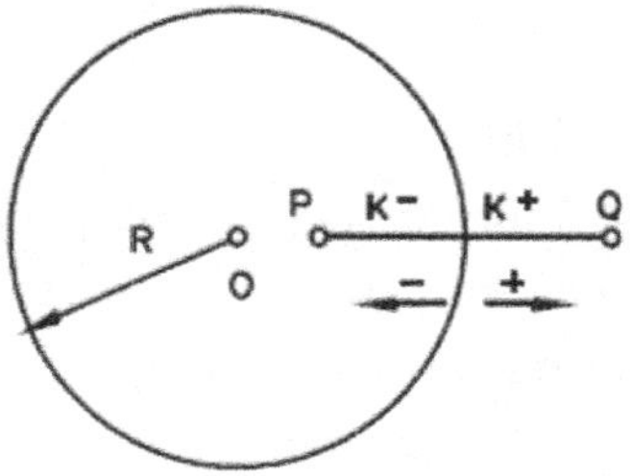

Figura 11

-**Teorema**: el l.g. que describen los puntos situados a una distancia K de una circunferencia dada de radio R, es doble y lo constituyen 2 circunferencias concéntricas a la dada y de radios (R+K) y [R-K] respectivamente.

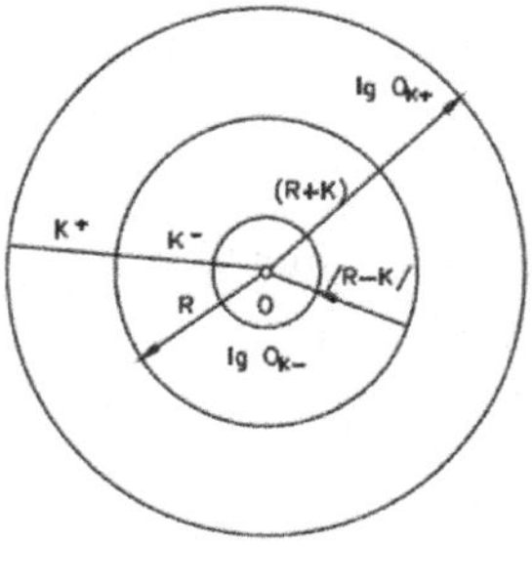

Figura 12

-**Corolario**: este l.g. doble lo es, además, de los centros de las circunferencias de radio K, tangente interior y exteriormente a la circunferencia dada.

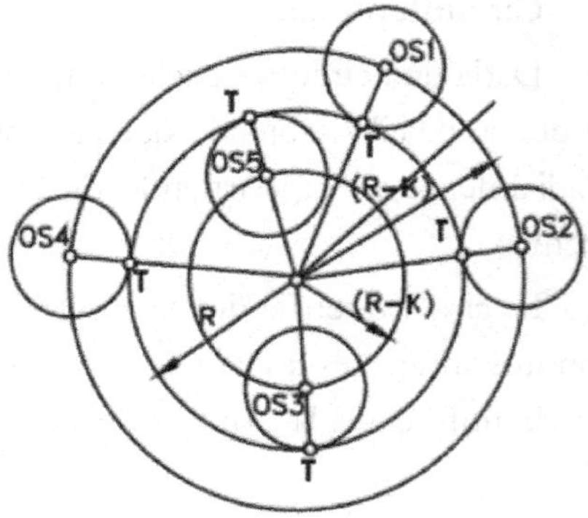

Figura 13

Nota:

Tangente exterior: el punto de tangencia pertenece al segmento de extremos 01 - 02.

Tangente interior: el punto de tangencia no pertenece al segmento de extremos 01 - 02.

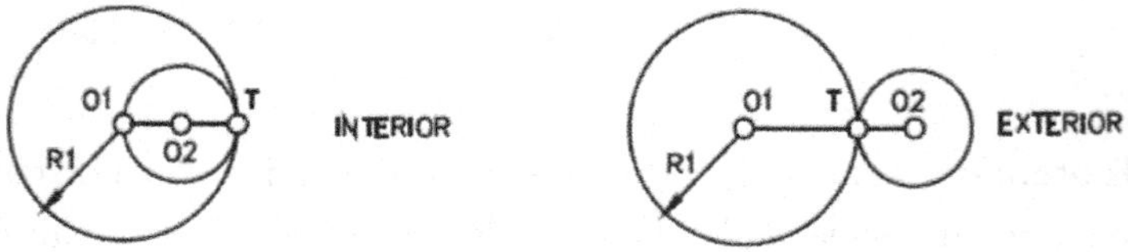

Figura 14

-**Conclusión**: los lugares geométricos de las distancias a una circunferencia son circunferencias concéntricas a ella:

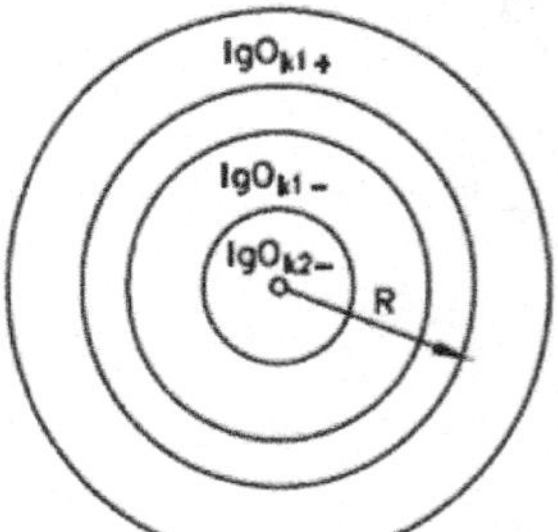

Figura 15

Referencias

Lapaz, J (1990). Tema 6: Trazado de curvas equidistantes y su aplicación en la resolución de problemas de tangencias. Concurso-oposición TEU-272, EUETI de Terrassa, mayo de 1990, 1-24.

Lapaz, J., & Morón, M. (1990). Trazado de curvas equidistantes y su aplicación en la resolución de problemas de tangencias. Actas del II Congreso de Expresión Gráfica en la Ingeniería, La Rábida (Huelva), 1, 2 y 3 de junio de 1990, 105-131.

Trazado de curvas equidistantes y su aplicación en la resolución de problemas de tangencias.

II. Lugares geométricos de las distancias a una entidad simple

José Luis Lapaz Castillo
ESEIAAT. Departament d'Enginyeria Gràfica i de Disseny (UPC)

Cesc Mestres-Domènech
ESEIAAT. Enginyeria de Projectes i de la Construcció (UPC)

ESEIAAT. Enginyeria Gràfica i de Disseny (UPC)

Bernat Faura López de Haro
ESEIAAT. Departament d'Enginyeria Gràfica i de Disseny (UPC)

Resumen

Esta comunicación recupera y revisa una ponencia presentada con motivo del II Congreso de Expresión Gráfica en la Ingeniería, celebrado en junio de 1990 en La Rábida (Huelva).
El texto se ha articulado en 4 partes:

I. Lugares geométricos de las distancias a una entidad simple.
II. Lugares geométricos de las equidistancias entre 2 entidades simples
III. Lugares geométricos de las equidistancias entre 3 entidades simples. Resolución por reducción al caso de dos entidades.
IV. Lugares geométricos de las distancias y equidistancias a entidades simples. Justificación del tipo de curvas obtenidas.

Lo expuesto a continuación se corresponde con la Parte II.

Abstract

This communication retrieves and review a paper presented on the occasion of the II Congress of Graphic Expression in Engineering, held in June 1990 in La Rábida (Huelva).
It has been divided into 4 parts:

I. Previous Concepts. Geometric place of the distances to a simple entity.
II. Geometric places of the equidistance between 2 simple entities
III. Geometric places of the equidistance between 3 simple entities. Resolution by reduction to the case of two entities.
IV. Geometric places of distances and equidistance to simple entities. Justification of the type of curves obtained.

What follows corresponds to the Part II.

Equidistancias entre 2 entidades simples

Punto/Punto:

recta equidistante de 2 puntos

Definiremos como punto equidistante de orden K, de 2 o más entidades, aquel que está situado a igual distancia K de todas ellas.

Dados 2 puntos, A y B, la intersección de los l.g. de las distancias de orden K a dichos puntos, nos determinará los puntos equidistantes de orden K de ambos puntos.

P y Q: puntos equidistantes de orden K, de A y B.

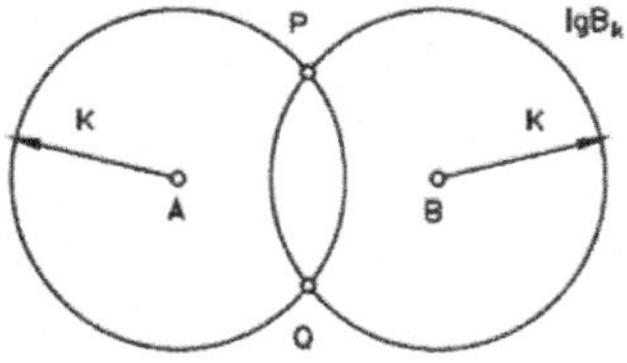

Figura 1

-**Teorema**: los puntos equidistantes de otros 2 dados están alineados. El l.g. que forman es una recta (l.g. A, B).

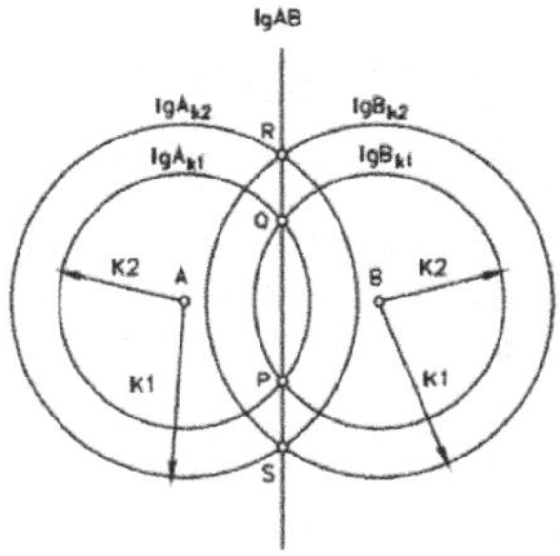

Figura 2

-**Corolario**: este l.g. lo es, además, de los centros de las circunferencias que pasan por A y B.

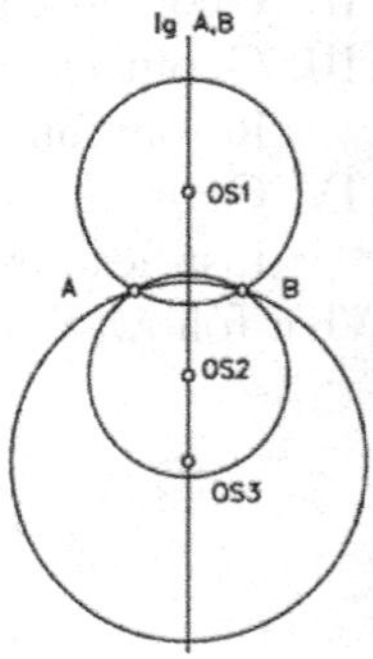

Figura 3

Este es un l.g. que se emplea, por ejemplo, a la hora de trazar la mediatriz de un segmento, o la perpendicular a una recta.

Recta/Recta:
recta equidistante de 2 rectas

En función de la posición de las rectas, analizaremos 2 casos:

a) Rectas concurrentes en un punto propio

Para encontrar los puntos equidistantes de orden K a ambas rectas, basta con hallar la intersección de los l.g. dobles de los puntos situados a una distancia K de cada una de las rectas.

Como podemos ver, obtenemos 4 puntos (M, N, O y P) equidistantes de ambas rectas una distancia K:

M = (l.g. rk+) ∩ (l.g. sk+)
P = (l.g. rk-) ∩ (l.g. sk+)
O = (l.g. rk-) ∩ (l.g. sk-)
N = (l.g. rk+) ∩ (l.g. sk-)

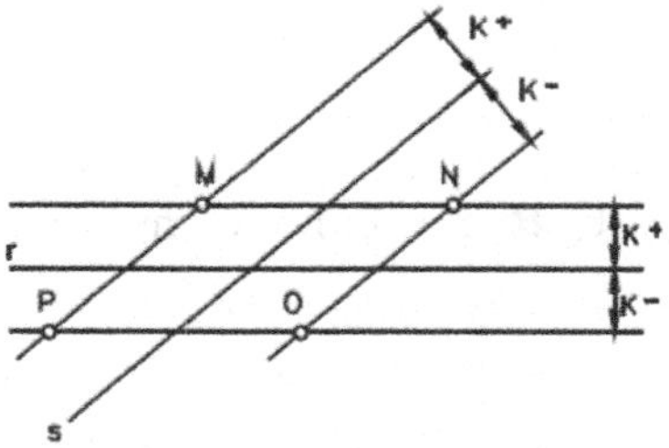

Figura 4

Podemos hallar otros puntos variando el orden de equidistancia (k2).

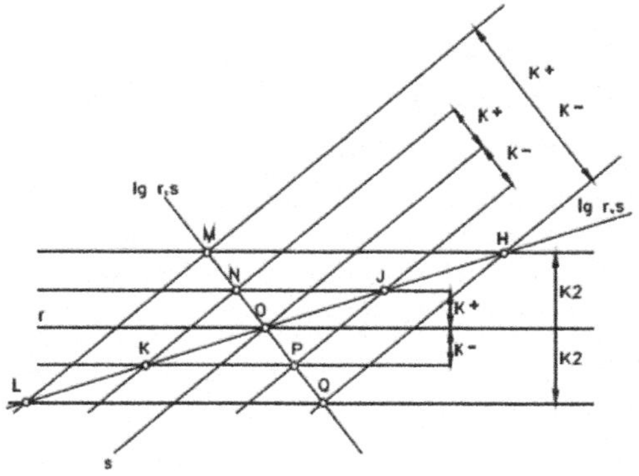

Figura 5

-**Teorema**: los puntos equidistantes de ambas rectas están alineados, y el l.g. que forman es doble, siendo las bisectrices de los ángulos que forman estas rectas entre sí.

-**Corolario**: este l.g. es, además, el l.g. de los centros de las circunferencias tangentes a ambas rectas.

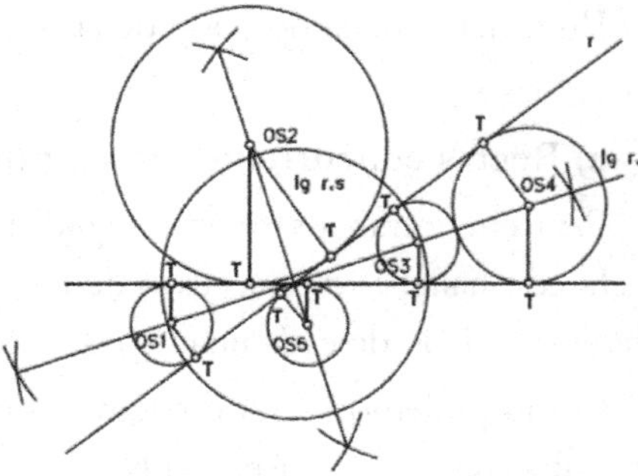

Figura 6

b) Rectas concurrentes en el infinito (paralelas)

En este caso, la intersección es única, con lo que sólo existe una equidistancia de orden igual a la mitad de la distancia (D) que separa ambas rectas.

-**Teorema**: el l.g. de la equidistancia de 2 rectas paralelas, es otra recta paralela a ellas y situada entre ambas a igual distancia de cada una.

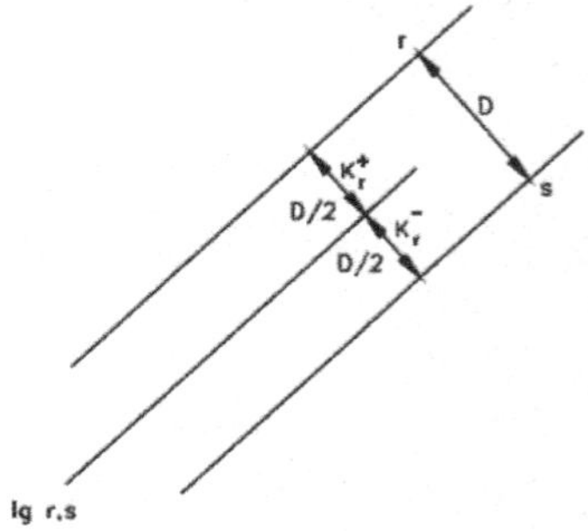

Figura 7

-**Corolario**: este l.g. lo es, además, de los centros de las circunferencias tangentes a ambas rectas.

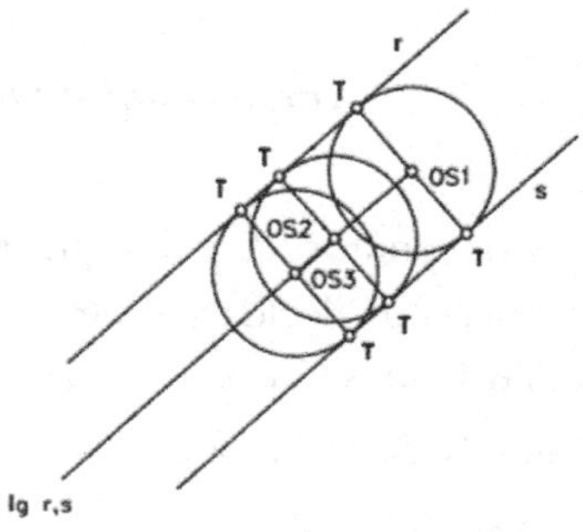

Figura 8

Punto/Recta:
curva equidistante de un punto y de una recta

Los puntos A y B, que resultan de la intersección de los l.g. de las distancias de orden K al punto y a la recta, equidistan de orden K de ambas entidades.

Variando el orden de las distancias, podemos obtener más puntos equidistantes.

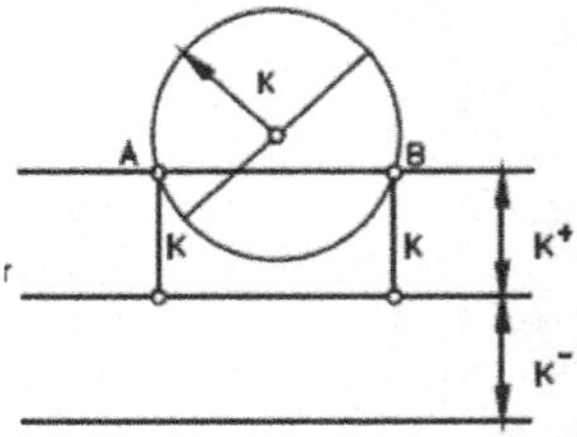

Figura 9

-**Teorema**: el l.g. de las equidistancias entre punto y recta es una curva abierta (parábola).

-**Corolario**: este l.g. es, además, el l.g. de los centros de las circunferencias tangentes a r y que pasan por P.

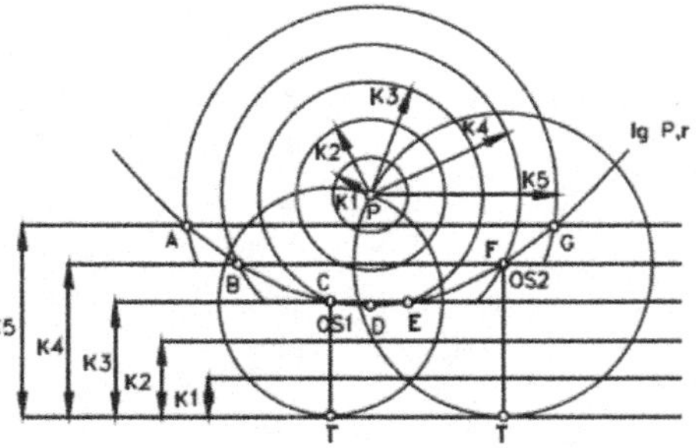

Figura 10

-Si el punto pertenece a la recta, el l.g. es una recta perpendicular a la dada por el punto dado, P.

Circunferencia/Recta:
curvas equidistantes de una circunferencia y de una recta

Según las posiciones relativas de la recta y la circunferencia, los casos son 3:

a) Recta exterior a la circunferencia.

b) Recta tangente a la circunferencia.

c) Recta secante a la circunferencia.

a) Recta exterior a la circunferencia

Para determinar los puntos equidistantes de orden K, hallamos la intersección de los l.g. dobles distantes K de ambas entidades (puntos A, B, C y D).

Dependiendo del orden y de la separación entre la recta y la circunferencia, aparecerán más o menos puntos de intersección.

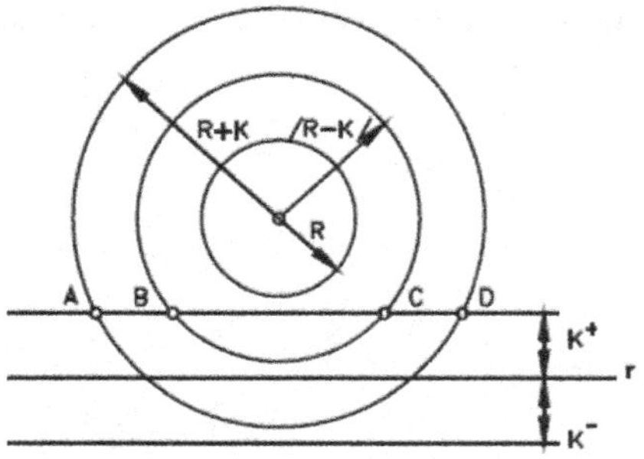

Figura 11

Variemos el orden K de equidistancia para obtener más puntos equidistantes.

-**Teorema**: el l.g. de las equidistancias a una circunferencia y una recta, es doble y abierto (ramas parabólicas).

-**Corolario**: este l.g. es también, el l.g. de los centros de las circunferencias tangentes a la recta y la circunferencia, interior y exteriormente.

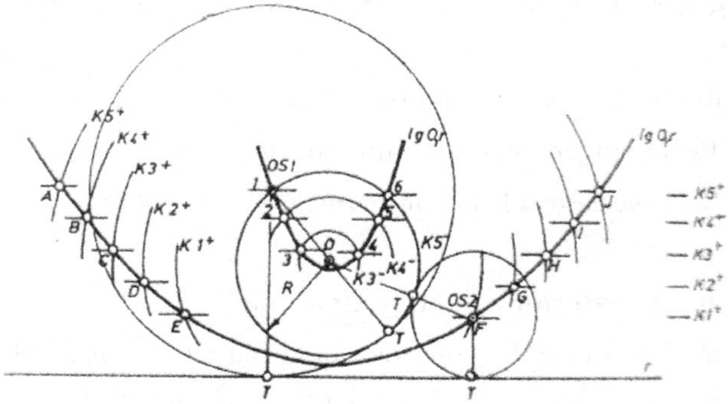

Figura 12

b) Recta tangente a la circunferencia

Una de las 2 curvas equidistantes del l.g. doble, se convierte en una recta.

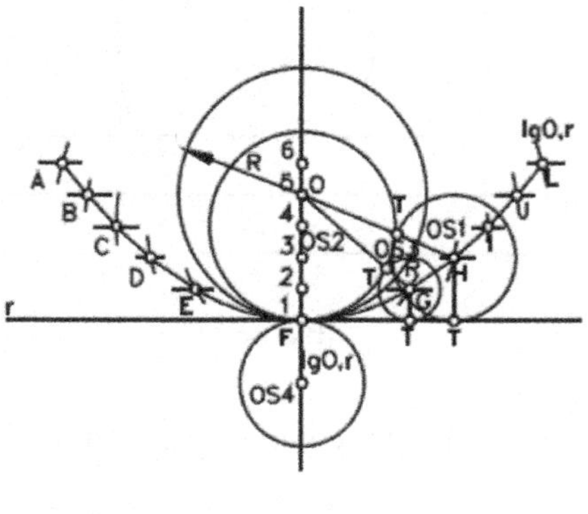

Figura 13

c) Recta secante a la circunferencia

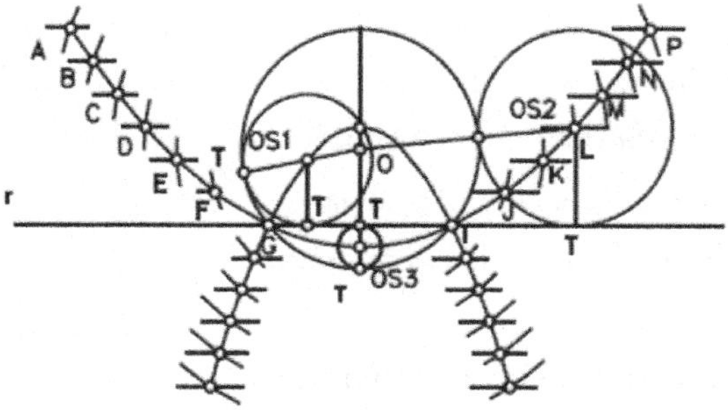

Figura 14

Casos particulares:

a) Circunferencia de radio tendiendo a infinito: reducción al caso de 2 rectas paralelas.

b) Circunferencia de radio tendiendo a cero: reducción al caso de un punto y una recta.

Circunferencia/Punto:
curvas equidistantes de una circunferencia y de un punto

Casos a estudiar:

a) Punto exterior de la circunferencia.

b) Punto interior a la circunferencia.

c) Punto perteneciente a la circunferencia.

a) Punto exterior de la circunferencia

Se trata de obtener los puntos equidistantes de orden K, de ambas entidades. Apliquemos de nuevo, la intersección de los l.g. distantes de orden K del punto y de la circunferencia.

Variando el orden de equidistancia podemos obtener mayor número de puntos del l.g.

-**Teorema**: el l.g. de las equidistancias a una circunferencia y a un punto exterior a ella es doble y está formado por 2 ramas hiperbólicas.

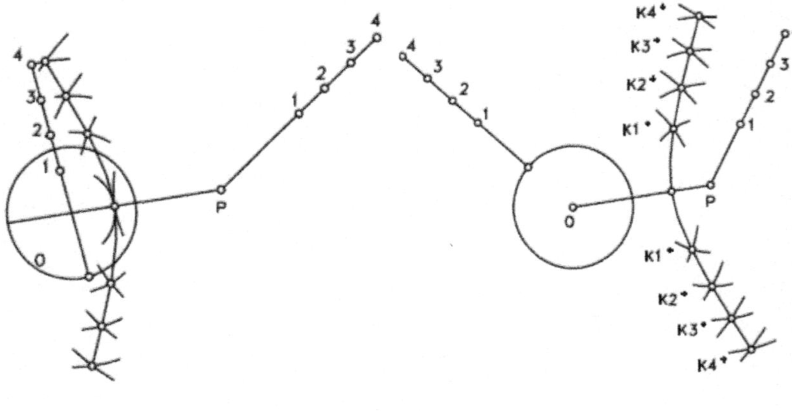

Figura 15

-**Corolario**: este l.g., es además, el l.g. de los centros de las circunferencias tangentes interior y exteriormente a la circunferencia, y que pasan por el punto P.

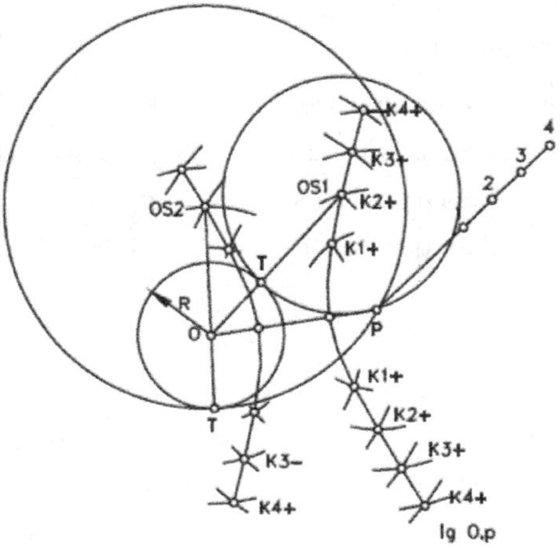

Figura 16

b) Punto interior a la circunferencia

El l.g. de la equidistancia, queda "confinado" en el interior de la circunferencia.

-**Teorema**: el l.g. de las equidistancias a una circunferencia y a un punto interior a ella es simple y cerrado; se trata de una elipse.

-**Corolario**: el l.g. que aparece, es el l.g. de los centros de las circunferencias tangentes interiormente a la dada y que pasan por P.

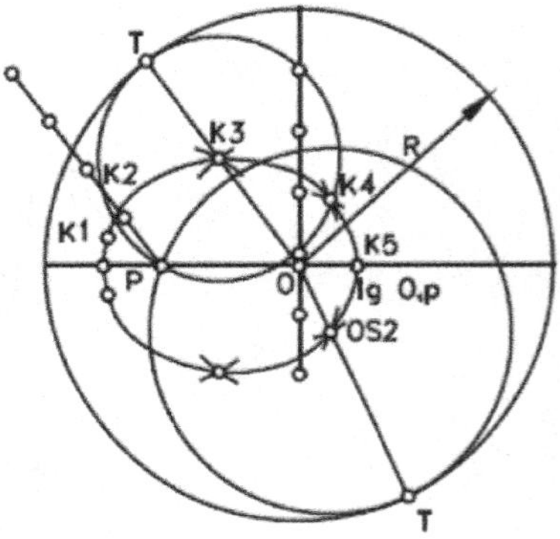

Figura 17

-Particularidades según la posición del punto:

1) Coincidente con el centro de la circunferencia: el l.g. es una circunferencia concéntrica a la dada y de radio mitad.

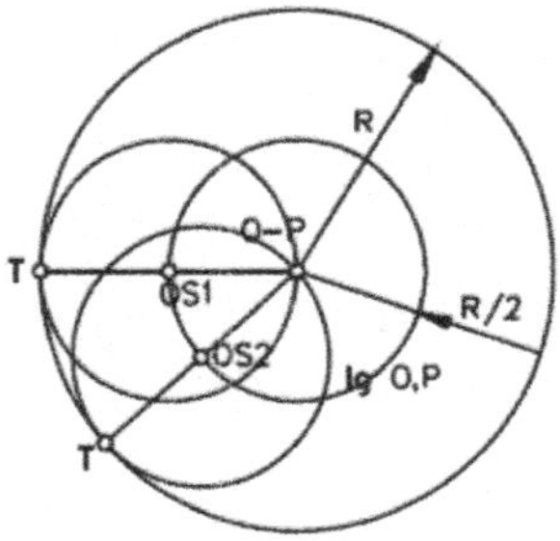

Figura 18

2) Situado sobre la circunferencia: el l.g. es la recta que pasa por P y por el centro de la circunferencia, 0. El punto de tangencia es siempre P.

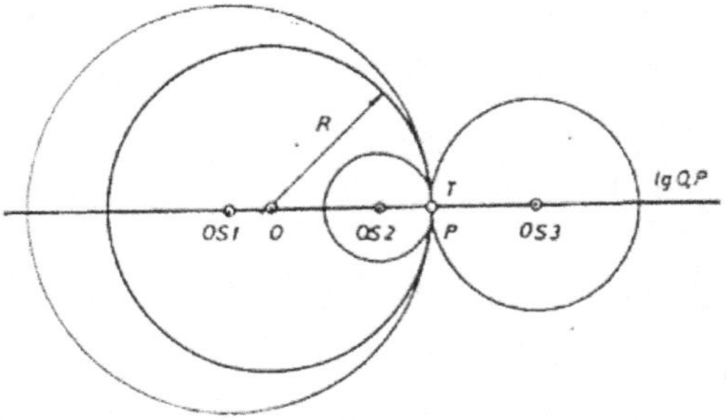

Figura 19

Casos particulares:

-Circunferencia de radio tendente a infinito: reducción al caso de punto y recta.

-Circunferencia de radio tendente a cero: reducción al caso de 2 puntos.

Circunferencia/Circunferencia: curvas equidistantes de 2 circunferencias

Casos a estudiar:

a) Ambas exteriores entre sí.

b) Secantes entre sí.

c) Una interior a la otra.

a) Exteriores entre sí

Los puntos equidistantes, obtenidos por intersección de los l.g. de las distancias a ambas circunferencias, forman el l.g. de la equidistancia.

-**Teorema**: el l.g. de las equidistancias entre 2 circunferencias de diferente radio y exteriores entre sí, es cuádruple y lo constituyen 2 hipérbolas.

-**Corolario**: este l.g., lo es también, de los centros de las circunferencias tangentes interior y exteriormente a ambas circunferencias.

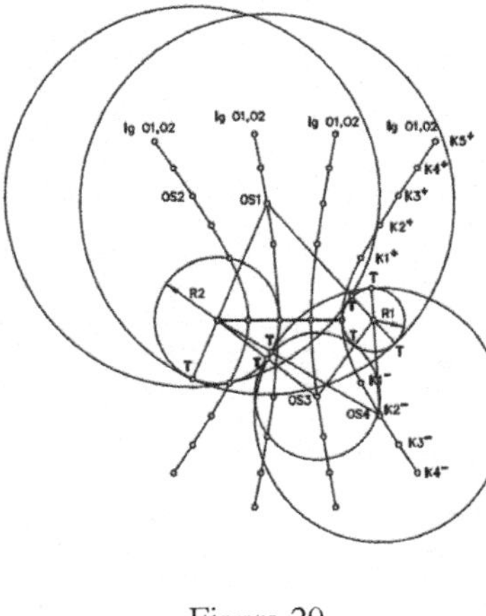

Figura 20

Casos particulares:

1) Ambas circunferencias de igual radio:

La hipérbola correspondiente a los centros de las circunferencias tangentes ext/ext e int/int pasa a una recta, que es la mediatriz del segmento 01-02.

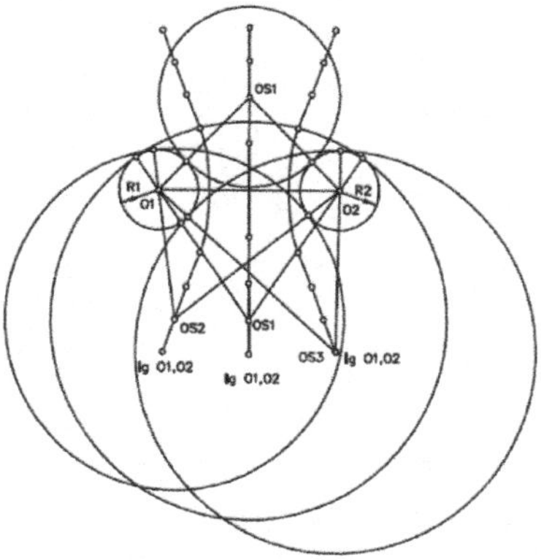

Figura 21

2) Tangentes exteriormente entre sí

La hipérbola correspondiente a los centros de las circunferencias tangentes int/ext e ext/int pasa a convertirse en una recta.

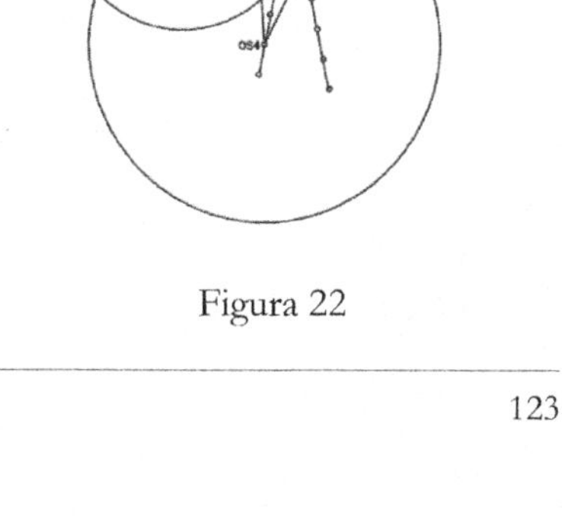

Figura 22

3) Circunferencias de igual radio y tangentes exteriormente entre sí

Las hipérbolas pasan a convertirse en 2 rectas perpendiculares entre sí.

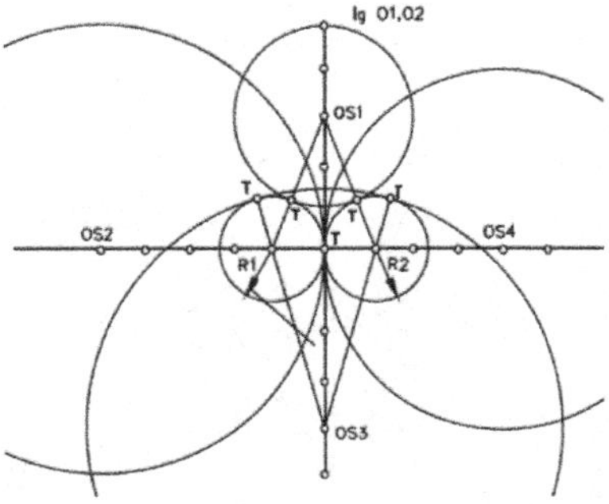

Figura 23

4) Circunferencias secantes entre sí

La hipérbola de los centros de las circunferencias tangentes int/ext y ext/int, pasa a convertirse en una elipse.

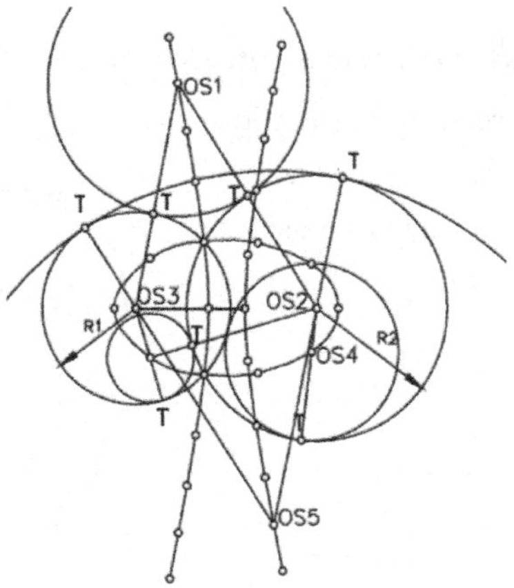

Figura 24

Caso particular:

-**Ambas circunferencias de igual radio**: la hipérbola pasa a convertirse en una recta, cuerda común a ambas circunferencias.

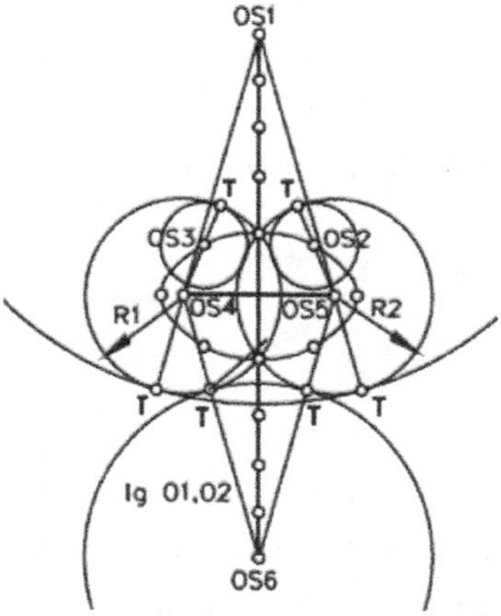

Figura 25

c) Una interior a la otra

Según la posición de la circunferencia interior, se nos originan los diferentes lugares geométricos de las equidistancias.

Para el caso general, obtenemos un l.g. doble compuesto por 2 elipses.

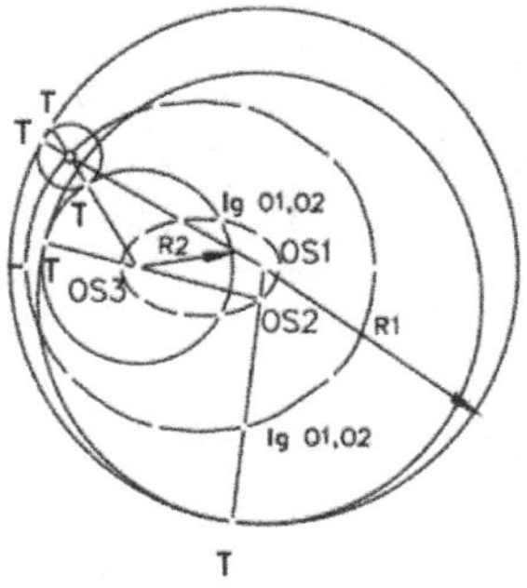

Figura 26

Casos particulares:

a) Tangentes entre sí: el l.g. está formado por una recta y una elipse.

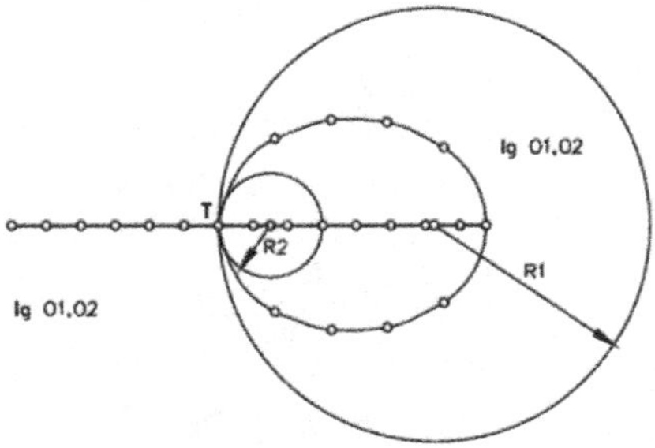

Figura 27

b) Concéntricas: el l.g. lo forman 2 circunferencias concéntricas a ambas, de radios la semisuma y la semidiferencia de los radios de las circunferencias dadas.

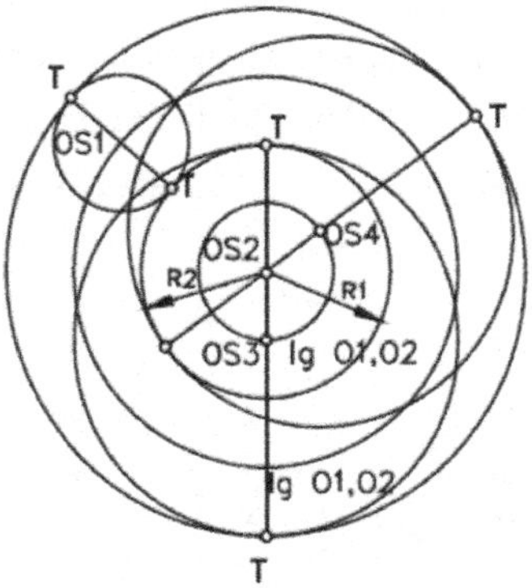

Figura 28

Referencias

Lapaz, J (1990). Tema 6: Trazado de curvas equidistantes y su aplicación en la resolución de problemas de tangencias. Concurso-oposición TEU-272, EUETI de Terrassa, mayo de 1990, 1-24.

Lapaz, J., & Morón, M. (1990). Trazado de curvas equidistantes y su aplicación en la resolución de problemas de tangencias. Actas del II Congreso de Expresión Gráfica en la Ingeniería, La Rábida (Huelva), 1, 2 y 3 de junio de 1990, 105-131.

Trazado de curvas equidistantes y su aplicación en la resolución de problemas de tangencias.

III. Lugares geométricos de las equidistancias entre tres entidades simples. Resolución por reducción al caso de dos entidades simples

José Luis Lapaz Castillo
ESEIAAT. Departament d'Enginyeria Gràfica i de Disseny (UPC)

Bernat Faura López de Haro
ESEIAAT. Departament d'Enginyeria Gràfica i de Disseny (UPC)

Cesc Mestres-Domènech
ESEIAAT. Enginyeria de Projectes i de la Construcció (UPC)

ESEIAAT. Enginyeria Gràfica i de Disseny (UPC)

Resumen

Esta comunicación recupera y revisa una ponencia presentada con motivo del II Congreso de Expresión Gráfica en la Ingeniería, celebrado en junio de 1990 en La Rábida (Huelva).
El texto se ha articulado en 4 partes:

I. Lugares geométricos de las distancias a una entidad simple.
II. Lugares geométricos de las equidistancias entre 2 entidades simples
III. Lugares geométricos de las equidistancias entre 3 entidades simples. Resolución por reducción al caso de dos entidades.
IV. Lugares geométricos de las distancias y equidistancias a entidades simples. Justificación del tipo de curvas obtenidas.

Lo expuesto a continuación se corresponde con la Parte III.

Abstract

This communication retrieves and review a paper presented on the occasion of the II Congress of Graphic Expression in Engineering, held in June 1990 in La Rábida (Huelva).
It has been divided into 4 parts:

I. Previous Concepts. Geometric place of the distances to a simple entity.
II. Geometric places of the equidistance between 2 simple entities
III. Geometric places of the equidistance between 3 simple entities. Resolution by reduction to the case of two entities.
IV. Geometric places of distances and equidistance to simple entities. Justification of the type of curves obtained.

What follows corresponds to the Part III.

Equidistancias entre 3 entidades simples
Resolución por reducción al caso de 2 entidades

En este tipo de problemas, el grado de libertad es menor, al incorporar una entidad más.

Debido a ello, ya no podemos fijar *a priori*, el orden de equidistancia, sino que nos vendrá prefijado.

Siempre que precisemos encontrar los puntos equidistantes a 3 entidades, bastará con determinar la intersección entre curvas equidistantes a cada 2 entidades.

Hay que indicar que, dependiendo de la colocación de las 3 entidades, tendremos un mayor o menor número de puntos equidistantes.

Si contemplamos las 3 entidades básicas (punto, recta y circunferencia), vemos que pueden presentársenos 10 casos de equidistancias.

Seguidamente estudiaremos 2 de estos casos a modo de ejemplo. El resto se resuelven de manera análoga.

Punto/Recta/Circunferencia

Para hallar los puntos equidistantes a estos 3 elementos dados, procederemos como hemos indicado anteriormente.

En este caso, se han determinado las curvas equidistantes entre circunferencia y recta (parábolas) y entre punto y circunferencia (hipérbolas), obteniendo los puntos intersección 0S1 y 0S2.

También podríamos haber utilizado la curva equidistante entre el punto y la recta (parábola), y los puntos obtenidos hubiesen sido los mismos.

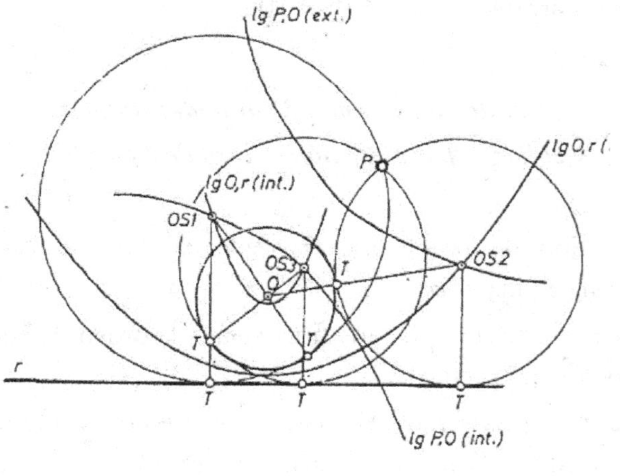

Figura 1

-**Teorema**: los puntos equidistantes a 3 entidades, pueden determinarse por intersección de curvas equidistantes a 2 de las 3 entidades.

Para el caso concreto que nos ocupa, estos puntos son, además, los centros de las circunferencias tangentes int/ext a la circunferencia, a la recta y pasan por el punto dado.

Como cada punto solución surge de la intersección de 3 curvas, bastará con determinar 2 de ellas, que nos darán directamente la intersección.

Circunferencia/Circunferencia/Circunferencia

Este es el famoso **problema de Apolonio**, pero resuelto mediante el trazado de hipérbolas, o lo que es lo mismo, por aplicación de las curvas equidistantes.

No obstante, no siempre se utilizarán hipérbolas ya que, si las circunferencias intersecan entre sí, aparecen elipses, si son tangentes, aparecen, además, rectas como l.g., etc.

En la Figura 2 adjunta, vemos un caso concreto:

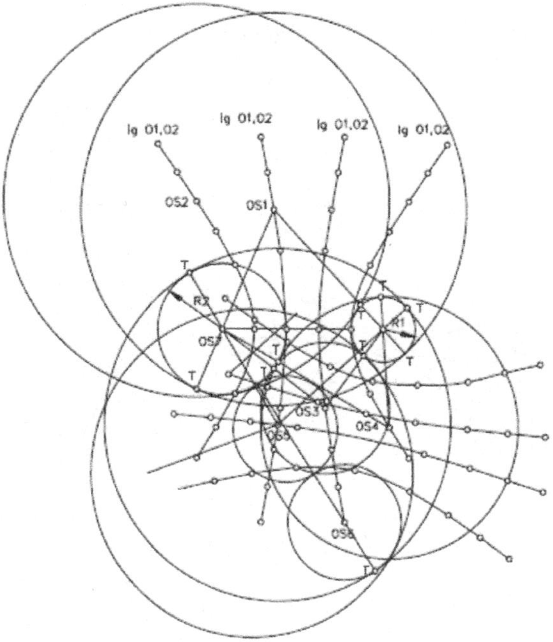

Figura 2

Ejemplo de aplicación

Representar la figura 3 adjunta, a escala 1:1.

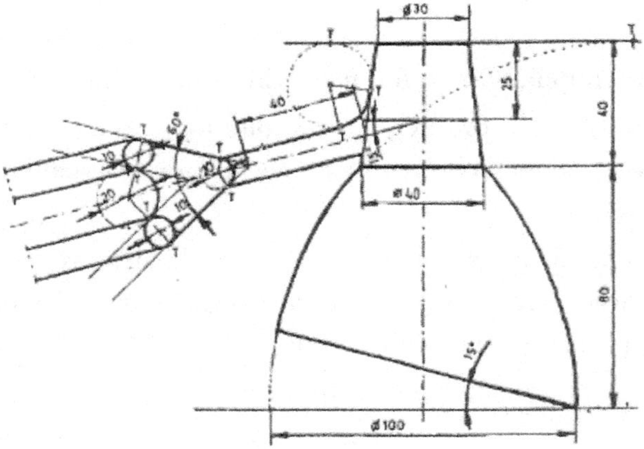

Figura 3

Solución

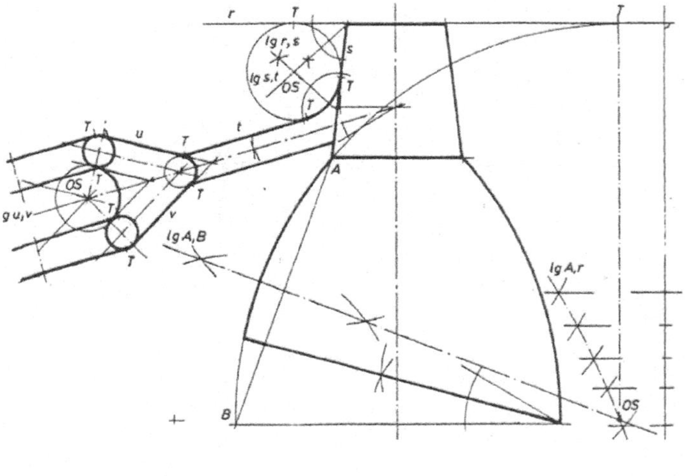

Figura 4

Referencias

Lapaz, J (1990). Tema 6: Trazado de curvas equidistantes y su aplicación en la resolución de problemas de tangencias. Concurso-oposición TEU-272, EUETI de Terrassa, mayo de 1990, 1-24.

Lapaz, J., & Morón, M. (1990). Trazado de curvas equidistantes y su aplicación en la resolución de problemas de tangencias. Actas del II Congreso de Expresión Gráfica en la Ingeniería, La Rábida (Huelva), 1, 2 y 3 de junio de 1990, 105-131.

Trazado de curvas equidistantes y su aplicación en la resolución de problemas de tangencias.

IV. Lugares geométricos de las equidistancias entre tres entidades simples. Justificación del tipo de curvas obtenidas

José Luis Lapaz Castillo
ESEIAAT. Departament d'Enginyeria Gràfica i de Disseny (UPC)

Bernat Faura López de Haro
ESEIAAT. Departament d'Enginyeria Gràfica i de Disseny (UPC)

Cesc Mestres-Domènech
ESEIAAT. Enginyeria de Projectes i de la Construcció (UPC)

ESEIAAT. Enginyeria Gràfica i de Disseny (UPC)

Resumen

Esta comunicación recupera una ponencia presentada con motivo del II Congreso de Expresión Gráfica en la Ingeniería, celebrado en junio de 1990 en La Rábida (Huelva).
El texto se ha articulado en 4 partes:

I. Lugares geométricos de las distancias a una entidad simple.
II. Lugares geométricos de las equidistancias entre 2 entidades simples
III. Lugares geométricos de las equidistancias entre 3 entidades simples. Resolución por reducción al caso de dos entidades.
IV. Lugares geométricos de las distancias y equidistancias a entidades simples. Justificación del tipo de curvas obtenidas.

Lo expuesto a continuación se corresponde con la Parte IV.

Abstract

This communication retrieves a paper presented on the occasion of the II Congress of Graphic Expression in Engineering, held in June 1990 in La Rábida (Huelva).

It has been divided into 4 parts:

I. Previous Concepts. Geometric place of the distances to a simple entity.
II. Geometric places of the equidistance between 2 simple entities
III. Geometric places of the equidistance between 3 simple entities. Resolution by reduction to the case of two entities.
IV. Geometric places of distances and equidistance to simple entities. Justification of the type of curves obtained.

What follows corresponds to the Part IV.

1. Conceptos previos

Distancia mínima (Dm) de un punto a una circunferencia.

Es el segmento PA medio radialmente. Además, forma parte del lugar geométrico (l.g.) de los centros de las circunferencias tangentes exteriormente a 0 y que pasan por A.

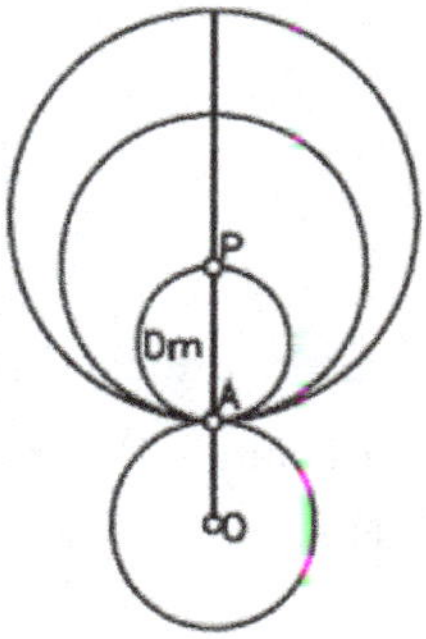

Figura 1

Distancia máxima (DM) de un punto a una circunferencia.

Es el segmento PB medido radialmente. Forma parte del l.g. de los centros de las circunferencias tangentes interiormente a 0 y que pasan por B.

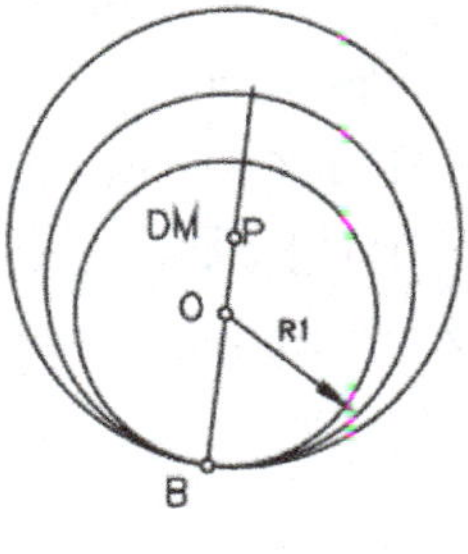

Figura 2

2. Análisis de las curvas equidistantes

Punto/Recta

El punto A pertenece a la curva equidistante de la recta y del punto, si y sólo si, PA=AB. Como todos los puntos de la curva cumplen la propiedad de igualdad de distancias, estamos ante una cónica conocida, la parábola, con las siguientes propiedades:

FOCO: punto P

DIRECTRIZ: recta r

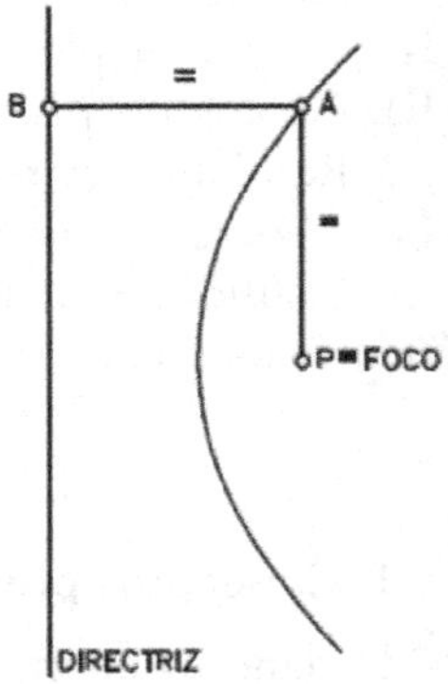

Figura 3

Circunferencia/Recta

El punto P pertenece a la curva equidistante de la circunferencia 0 y de la recta r, si y sólo si, Dm= PA= PB, siendo:

$$PA = PO - R$$
$$PO = PB + R \qquad (1)$$

La ecuación (1) nos da la condición que cumplen los puntos pertenecientes a una parábola con las siguientes propiedades:

FOCO: centro de la circunferencia 0.

DIRECTRIZ: recta paralela a r desplazada a la izquierda una distancia igual a R.

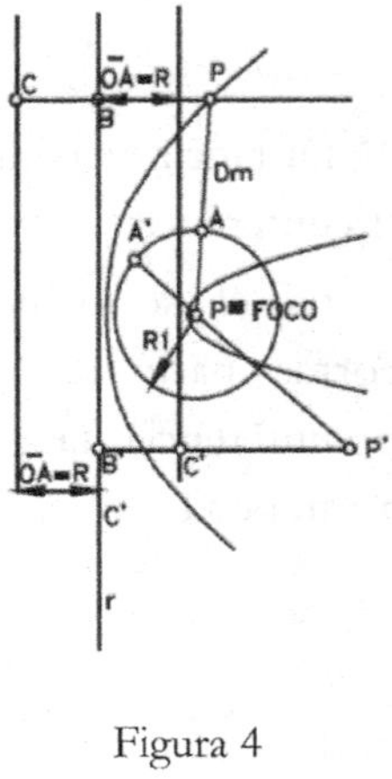

Análogamente, se demuestra que para la

Figura 4

distancia máxima obtenemos otra parábola con las siguientes propiedades:

FOCO:centro de la circunferencia 0.

DIRECTRIZ: recta paralela a r desplazada a la derecha una distancia igual a R.

Circunferencia/Punto

Punto exterior a la circunferencia

El punto A pertenece a la curva equidistante de la circunferencia 0 y del punto P, si y sólo si, Dm = AB = PA, siendo AB = AO - R. De aquí se deduce que:

$$PA = AO - R$$
$$AO - PA = R \qquad (2)$$

De igual forma, la ecuación (2) se cumple para cualquier punto de la curva, con lo que se demuestra que la curva equidistante es un ramal hiperbólico con las siguientes propiedades:

FOCOS: centro 0 y punto P.

EJE REAL: radio R.

Análogamente, se demuestra que para la distancia máxima obtenemos el otro ramal hiperbólico de ecuación idéntica a la anterior, pero en valor absoluto.

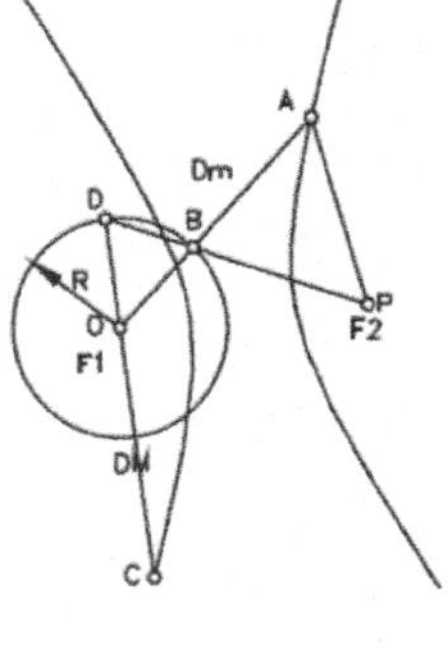

Figura 5

Punto interior a la circunferencia

El punto A pertenece a la curva equidistante de la circunferencia y del punto P, si y sólo si, PA = AB = Dm. Además:

$$AB = R - OA$$
$$PA = R - OA$$

De donde:

$$PA + OA = R \qquad (3)$$

La ecuación (3) cumple la condición de los puntos pertenecientes a una elipse, con las siguientes propiedades:

FOCOS: centro 0 y punto P.

EJE MAYOR: radio R.

De igual forma, trabajando con la distancia máxima, obtenemos la misma ecuación.

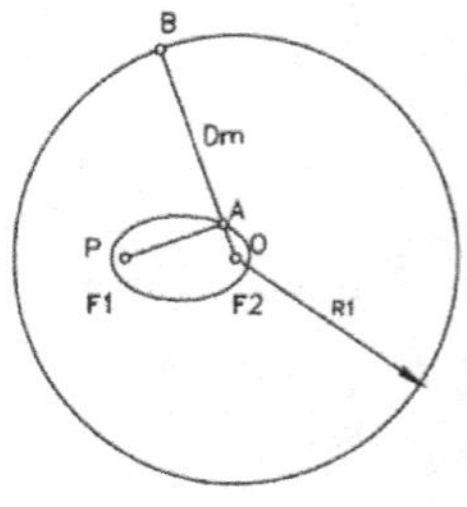

Figura 6

Circunferencia/Punto

a) Ambas exteriores entre sí:

El punto P pertenece a la curva equidistante de las 2 circunferencias, si y sólo si:

$$Dm\ (PA) = Dm\ (PB)$$
$$PA = PO1 - R1$$
$$PB = PO2 - R2$$

de donde:

$$PO1 - R1 = PO2 - R2$$
$$PO1 - PO2 = R1 - R2 \qquad (4)$$

La ecuación (4) nos da los puntos pertenecientes a un ramal hiperbólico con las siguientes propiedades:

FOCOS: centros de las circunferencias.

EJE REAL: diferencia de radios.

Análogamente, si trabajamos con las distancias máximas a ambas circunferencias, obtenemos, en valor absoluto, idéntica ecuación, que nos definirá el otro ramal hiperbólico.

De igual forma, si tomamos distancias cruzadas respecto de las circunferencias, obtenemos la siguiente igualdad:

$$PO1 - PO2 = R1 + R2 \qquad (5)$$

La ecuación (5), nos dará también, puntos pertenecientes a otro ramal hiperbólico con las siguientes propiedades:

FOCOS: centros de las circunferencias.

EJE REAL: suma de radios.

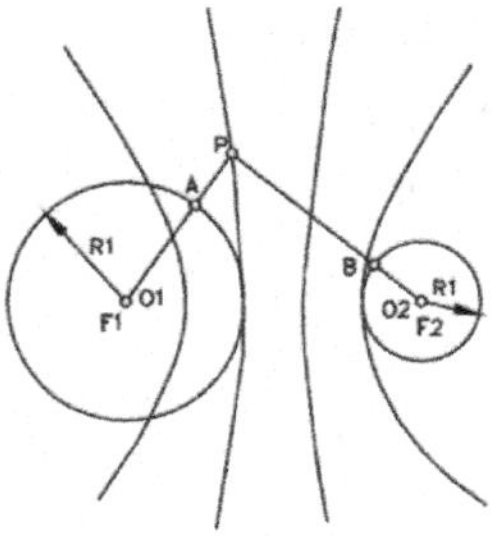

Figura 7

b) Circunferencias secantes entre sí

La demostración es idéntica a los casos anteriores. Las curvas obtenidas son una elipse y una hipérbola, con las siguientes propiedades:

ELIPSE:

FOCOS: centros de las circunferencias.

EJE MAYOR: suma de radios.

HIPERBOLA:

FOCOS: centros de las circunferencias.

EJE REAL: diferencia de radios.

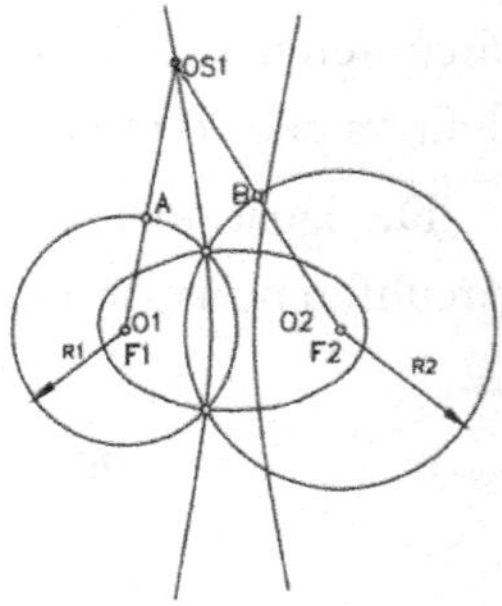

Figura 8

c) Una circunferencia interior a la otra

La demostración es idéntica a los casos anteriores. Las curvas obtenidas son 2 elipses, con las siguientes propiedades:

FOCOS: centros de las circunferencias.

EJE MAYOR: suma de radios para una de las elipses y diferencia de radios para la otra.

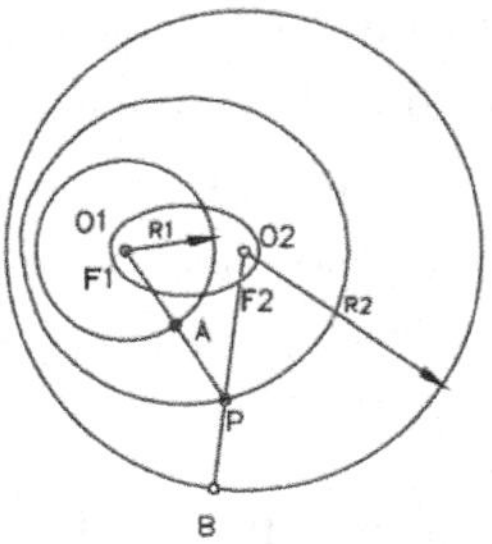

Figura 9

Para la demostración de las ecuaciones paramétrico-cartesianas de las cónicas partiremos de 2 circunferencias-dato:

Una de ellas, de radio r fijo y con centro en el punto (r,0), o no sobre el eje de coordenadas.

La otra, de radio R móvil, con centro de posición variable, pero sobre el eje de las "x", o no, que a veces estará en el semieje (+) y otras sobre el semieje (-).

Obtendremos ecuaciones de la forma:

$$y^2 = r_o\,x - px^2$$

Siendo: r_o = radio de curvatura de la cónica.

P = excentricidad.

(r_o, p) más los 2 parámetros que definirán la cónica. Se tratará de encontrar un valor en función de los radios r y R (datos de partida).

Procedimiento:

1º) Fijamos el origen de coordenadas.

2º) Situamos las circunferencias

3º) Trazamos los arcos con centro en los centros de las circunferencias dadas con incrementos o decrementos δ, dependiendo del tipo de cónica a obtener.

4º) Establecemos las respectivas relaciones geométricas, obteniendo la ecuación que regirá cada curva.

5º) Se obtiene el valor de los parámetros r_o y p.

Casos posibles

a) Casos generales: Ambas circunferencias pasan por el origen de coordenadas y tienen su centro en x.

No tiene sentido estudiarlos (son los mismos casos que antes)

Igual, pero con una de las circunferencias desplazada.

b) Casos particulares: sólo una circunferencia pasa por el origen.

Cónicas: A partir de 2 datos: 2 circunferencias o 2 rectas o circunferencia y recta.

Interior/Interior: Para pasar de ELIPSE <-> HIPERBOLA, basta con cambiar el signo de uno de los radios. La circunferencia es un caso particular de ambas: (p=1)

Si $p = 1$ » $4Rr = (R+r)^2$ » $R^2 + r^2 + 2Rr$ » $R^2 + r^2 - 2Rr = 0$ » $R=r$

$y^2 = 2rx - x^2$ CIRCUNFERENCIA

CIRCUNFERENCIA INT/ INT= EXT/EXT

$\Delta = 0$ » los incrementos tomados son nulos.

$p = 1$ » Excentricidad unitaria.

La parábola también es otra degeneración: una de las circunferencias tiene radio:

lin $y^2 = 4rx$ PARABOLA » $y^2 = 4rx$ EXTERIOR

$\gamma = x$ » Incrementos de valor independiente del r dado.

$p = 0$ » Excentricidad de valor nulo.

Conclusiones

1ª) Cuando los 2 datos -curva abierta (hipérbola, parábola)- recta son exteriores (excluyentes) entre sí, el l.g. es infinito (recta, hipérbola, parábola).

DATOS:

CIRCUNFERENCIA/CIRCUNFERENCIA

RECTA/CIRCUNFERENCIA

CIRCUNFERENCIA/CIRCUNFERENCIA

2ª) Cuando uno de los 2 datos es interior al otro, la **solución está perfectamente acotada**: curva cerrada (elipse, circunferencia) o segmento.

DATOS:

CIRCUNFERENCIA/ CIRCUNFERENCIA

Referencias

Lapaz, J (1990). Tema 6: Trazado de curvas equidistantes y su aplicación en la resolución de problemas de tangencias. Concurso-oposición TEU-272, EUETI de Terrassa, mayo de 1990, 1-24.

Lapaz, J., & Morón, M. (1990). Trazado de curvas equidistantes y su aplicación en la resolución de problemas de tangencias. Actas del II Congreso de Expresión Gráfica en la Ingeniería, La Rábida (Huelva), 1, 2 y 3 de junio de 1990, 105-131.

Optimización del estucado de sustratos celulósicos con nanocelulosa cristalina

Noemi Huete*
Oriol Cusola
Mª Blanca Roncero
ESEIAAT. Departament d'Enginyeria Gràfica i Disseny (UPC). CELBIOTECH (Paper Engineering Research Group)

noemi.huete@upc.edu

Resumen

La nanocelulosa (NC) es un biomaterial prometedor de alto valor añadido y de un interés creciente entre la comunidad científica e industrial. Se presenta como una posible alternativa a los materiales derivados de recursos fósiles, ya que tiene excelentes propiedades barrera y propiedades mecánicas. Dentro del mundo de las NC, la nanocelulosa cristalina (CNC), es la que presenta una formación más homogénea, es más transparente y la que presenta las menores dimensiones en longitud y diámetro. Por esos motivos se cree que puede funcionar bien como recubrimiento para mejorar propiedades de sustratos papeleros.
El presente estudio desarrolla y optimiza el proceso para estucar en el laboratorio con CNC como material de recubrimiento, de la forma más efectiva y eficiente posible.

Abstract

Nanocellulose (NC) is a promising biomaterial with high added value and growing interest in the scientific and industrial community. It is presented as a possible alternative to materials derived from fossil resources, as it has excellent barrier and mechanical properties. Within the NCs, crystalline nanocellulose (CNC) is the most homogeneous, transparent and the smallest in terms of length and diameter. For these reasons, it is believed that it can work well in coatings, with the aim to improve the properties of paper substrates.

The present study develops and optimizes a CNC coating process at laboratory scale, for the improvement of the properties of cellulose-based products.

1. Introducción

La sociedad en general está mostrando una creciente preocupación por el tema del cambio climático, respecto a la problemática asociada con la utilización de materiales derivados del petróleo. Estos materiales presentan buenas propiedades barrera, estructurales y de resistencia que les hacen muy interesantes e indispensables por diferentes aplicaciones industriales, pero suponen un gran impacto en el medio ambiente y un ciclo de vida insostenible.

En este escenario surge la necesidad de buscar alternativas a estos materiales, que puedan reemplazarlos en sus funciones, pero que sean más sostenibles, biodegradables, y respetuosos con la naturaleza. La utilización de polímeros procedentes de la biomasa se plantea como muy buena alternativa para producir biomateriales multifuncionales.

El objetivo del presente estudio es desarrollar, optimizar y evaluar un modelo de estucado con CNC que mejore las propiedades barreras de los sustratos celulósicos.

1.1. La nanocelulosa

La nanocelulosa (NC) es un nanomaterial natural que se puede extraer de la pared celular de las plantas. Tiene un tamaño nanométrico, presenta una baja densidad y ofrece propiedades mecánicas excelentes como alta resistencia, excelente rigidez y una elevada área superficial. Todo este conjunto de propiedades convierte a la nanocelulosa en una muy buena alternativa para ser aplicada como refuerzo en composites, en recubrimientos, o simplemente como films (Dufresne, 2013, 2019).

A partir del vegetal se pueden obtener dos familias de partículas celulósicas de tamaño nanométrico. La primera, es la celulosa microfibrilada o nanocelulosa fibrilar (CNF), que puede generarse por desintegración mecánica. La CNF tiene forma larga de fibrilla con dimensiones de 1–100 nm de diámetro y 500–2000 nm de longitud (Habibi et al., 2010; Huang et al., 2018). La segunda familia, son los nanocristales de celulosa o nanocelulosa cristalina (CNC) y se pueden producir aislando la región cristalina de la celulosa mediante hidrólisis ácida. Suelen tener dimensiones de 2–20 nm de diámetro y 100–500 nm de longitud (Huang et al., 2018).

1.2. La nanocelulosa cristalina (CNC)

La extracción de regiones celulósicas cristalinas es un proceso sencillo basado en la hidrólisis ácida bajo condiciones estrictamente controladas de temperatura, agitación y tiempo, donde se obtiene celulosa cristalina (CNC) o monocristales de alta pureza (Ahmed et al., 2005). Las regiones amorfas, que se consideran defectos estructurales, son atacadas por hidrólisis ácida, dejando intactas las regiones cristalinas, el dominio más resistente (Younas et al., 2019).

Se han realizado estudios para valorar los efectos de la hidrólisis ácida, mediante el uso de ácido sulfúrico y ácido clorhídrico para producir suspensiones estables de CNC. El ácido sulfúrico proporciona suspensiones acuosas más estables que el ácido clorhídrico. La CNC preparada con ácido sulfúrico presenta una superficie cargada negativamente, debido a la esterificación de los grupos hidroxilo de la superficie para dar grupos sulfato cargados (Habibi et al., 2008).

1.3. Propiedades y aplicaciones de la nanocelulosa cristalina (CNC)

La nanocelulosa cristalina (CNC) presenta diversas propiedades, tales como: la biocompatibilidad, la biodegradabilidad (Chu et al., 2020a), la no toxicidad (Chu et al., 2020b) y su seguridad humana y ambiental

(Shahnaz et al., 2021). Algunas propiedades exclusivas de la CNC son las siguientes: es un polímero natural electroactivo (Delgado-

Canto et al., 2020), puede actuar como agente nucleante (Nunes et al., 2021), es anisotrópico (Casado et al., 2021) y tiene un costo de producción relativamente bajo (Bondancia et al., 2020).

La CNC sola o combinada con otros polímeros, muestra una amplia gama de aplicaciones. Algunas de ellas podrían ser la producción de materiales médicos y antimicrobianos, o la síntesis de materiales portadores de fármacos en medicina terapéutica y de diagnóstico (Nicu et al., 2021). La aplicación más ventajosa de la CNC es que se puede utilizar como relleno o de refuerzo para la preparación de bio-nanocomposites (Posada & Montes- Florez, 2021), para mejorar las propiedades barreras de, por ejemplo, de productos para envases de alimentos, de productos cosméticos y farmacéuticos (Liu & Kong, 2021).

1.4. El estucado como recubrimiento

El recubrimiento de papel es un proceso en el que se puede obtener una hoja con una superficie uniforme cubriendo las fibras celulósicas y llenando el espacio entre ellas con aglutinantes, pigmentos y/u otros agentes, con la finalidad de obtener un papel con mejores propiedades de encolado, impresión y barrera (Howard & Hodgson, 2015).

Normalmente, las soluciones de estucado pueden contener diferentes tipos de pigmentos, como carbonato de calcio molido (GCC), carbonato de calcio precipitado (PCC), arcilla china, dióxido de titanio, caolín y partículas de plástico (Hubbe & Gill, 2016). El sulfato de calcio (Singhal et al., 2015) y las partículas de carbonato de calcio de huevo (Yoo et al., 2009) se han identificado recientemente como pigmentos que mejoran la resistencia, las propiedades ópticas y de impresión del papel estucado.

Los pigmentos requieren aglutinantes para adherirse a las capas de recubrimiento y llenar los pequeños poros entre ellos. Por lo general, se utilizan aglutinantes como colas, almidones, látex de estireno-butadieno, látex de estireno-acrilato, látex de poli (acetato de vinilo), poliacrilatos, gomas, proteína de caseína, proteína de soja y poli (alcohol vinílico) (PVA) para facilitar la operación de recubrimiento (Li et al., 2019).

La NC aplicada como recubrimiento en el papel, tiene el potencial de reemplazar los materiales de recubrimiento sintéticos actuales. Se basan en recursos renovables y ofrecen numerosas ventajas medioambientales favorables como la biodegradabilidad, mejor reciclabilidad, no toxicidad y biocompatibilidad, en comparación con los polímeros sintéticos convencionales. Además, podría representar una mejora significativa de las propiedades estructurales, de resistencia, barrera y de imprimibilidad de esta capa, que se traduciría, en una mejora del material papel. Este hecho supondría un incremento del valor añadido de estos materiales (Koppolu et al., 2018; Reshmy et al., 2022; Tyagi et al., 2018)

2. Materiales y métodos

2.1. Materia prima

La CNC utilizada fue proporcionada por la Universidad de Maine (Maine, Estados Unidos), con unas dimensiones de cristal de aproximadamente 5 nm de diámetro y unos 150-200 nm de longitud. La CNC se presenta al 12,1 % en peso seco, en su formato comercial. En cuanto al sustrato, se utiliza el papel office Navigator de 80 g/m^2 con unas dimensiones de 18x30 cm.

2.2. Proceso de estucado

Para el estucado se utiliza una estucadora automática RK Control Coater, con combinación de 8 varillas que proporcionan hasta 8 espesores distintos de capa de estucado.

Cuanto mayor es el número de la varilla, más gruesa es la capa de estucado que permitirá realizar. En el estudio, se usa la varilla #0, #3 y #6 (Tabla 1). La velocidad designada es la #3, el equipo trabaja de 2 a

15 m/m.pulg. Se sigue el método ASTM D823 – 95(2001). El ensayo se realiza en condiciones de temperatura entre 23 y 25 °C.

Nº	Color	Diámetro alambre varilla			
		inch	mm	inch	µm
0	Blanco	2	0.05	0.00015	4
3	Verde	12	0.30	0.0010	24
6	Naranja	30	0.76	0.0025	60

Se realiza el recubrimiento con CNC en 1 cara del sustrato, mediante una micropipeta. El rango utilizado de CNC por capa es desde 250 a 2000 µl dependiendo de la varilla.

2.3. Proceso de secado

El proceso de secado es necesario para mantener la capa de estucado unida al sustrato celulósico. Al terminar de estucar la muestra, se estabiliza durante 5 minutos a temperatura ambiente. Seguidamente, se seca durante 10 minutos a 80 °C en un tambor cilíndrico de secado, para evitar deformaciones y fijar el estucado por la eliminación de la humedad residual.

2.4. Acondicionamiento de las muestras estucadas

El proceso de acondicionamiento de las muestras se lleva a cabo siguiendo la norma UNE-EN 20187, en sala acondicionada de 50 % de HR y 23 °C, durante 24 horas.

2.5. Caracterización de las muestras

Se realizan 3 mediciones por serie para establecer la media. Se establece un intervalo de confianza del 95 % en los resultados obtenidos.

Se nombran las muestras según la varilla utilizada (#0=V0, #3 =V3 y #6=V6) y se repite la secuencia según las capas que tenga la muestra (siendo V0V0 = 2 capas de #0).

La permeancia al aire se realizó siguiendo la norma UNE-ISO 5636-2013 por método Bendtsen. Para la determinación de blancura de las muestras estucadas, se sigue el método ISO 3688: 1999 por medio del equipo espectrofotómetro Technydyne® PC Color Touch. Se determinó la opacidad con el mismo equipo, de acuerdo con la norma TAPPI 425M-

60. También se utilizó el mismo equipo para determinar la curva espectral. Las mediciones de WCA se realizaron usando un goniofotómetro de ángulo de contacto Dataphysics OCA15EC con una relación de captura de imagen de 25 imagen/s. Para la medida, se depositó, en la superficie de la muestra, una microgota de agua destilada con la ayuda de una jeringa Hamilton de 500μL. La determinación de la velocidad de transmisión al vapor de agua (WVTR) de los sustratos celulósicos estucados, se basó en la norma UNE 53097:2002 con el equivalente europeo ISO 2528/2007 a 25 ° C y a dos humedades relativas (HR): 50 y 90 % HR. Las series se ensayaron por duplicado para hallar la media. El WVTR se determinó utilizando la ecuación:

$$WVTR = \frac{m * 24 * 10^4}{S * t}$$

donde "m" es el aumento de masa, en gramos, del conjunto durante el tiempo "t", "S" es el área en la superficie probada de la pieza de prueba en cm2, y "t" es la duración total, en horas. El resultado obtenido se normaliza con el espesor de la misma muestra. Y, por último, para la determinación del espesor del sustrato celulósico, se utilizó un micrómetro Frank® GmbH digital, siguiendo los parámetros establecidos por la UNE-EN ISO 534:2012 e UNE EN ISO 12625-3.

3. Resultados y discusión

Cada varilla de la estucadora proporciona un grueso de capa diferente, a mayor numero de la varilla, mayor es el grueso de capa de CNC superficial que se deposita. Se llega a obtener un recubrimiento de entre 2 y 3 g/m^2 de CNC al 12,1 % dependiendo de la cantidad de capas y de las varillas utilizadas.

3.1 Resultados de permeancia al aire

El control correspondiente al papel office (sin estucar), presenta un valor de permeancia de 124,3 µm/Pa*s.

Según los resultados obtenidos en el ensayo (Figura 1), se puede observar que, en general, hay una disminución de valores en todas las muestras estucadas con varillas #0 y #3 respecto al control.

Se observa que, a mayor cantidad de CNC depositada, se obtiene una superficie más cerrada, es decir, con menos capacidad para el paso del

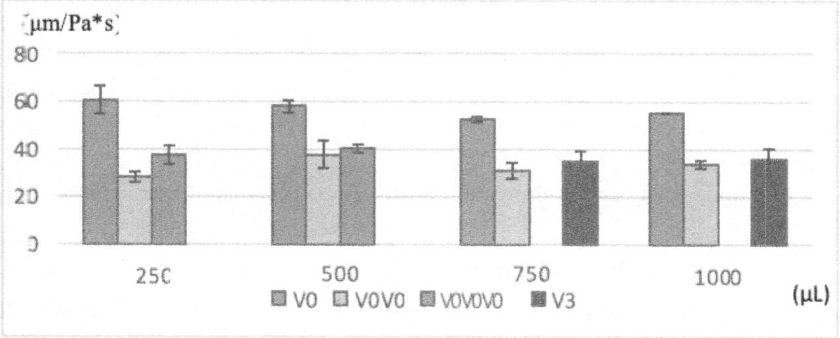

Figura 1. Valores de permeancia al aire de diferentes cantidades de CNC y diferentes capas de estucado

aire. También se observa una ligera tendencia a la baja al comparar los volúmenes de la serie V0, obteniendo disminuciones ligeramente mayores cuanto mayor es el volumen utilizado de CNC al 12,1 %. Por último, se observan disminuciones ligeramente mayores en las muestras de la serie V0V0 respecto a las muestras de la serie V3 que igualan el volumen (V0V0 y V3 con volumen de 750 µL). Se puede comprobar que, usar más volumen de CNC no implica mayor reducción de la permeancia en el aire.

Se determinan volúmenes óptimos de CNC al 12,1 % para cubrir un área mínima de 10x15 cm de sustrato de papel office: para la varilla #0 utilizar 500 µL, para la varilla #3 utilizar 750 µL y para la varilla #6 utilizar 1800 µL de CNC al 12,1 %

La optimización del proceso dio pie a realizar diversas combinaciones de varillas para dos capas, con la finalidad de evaluar el efecto en la permeancia al aire (Figura 2).

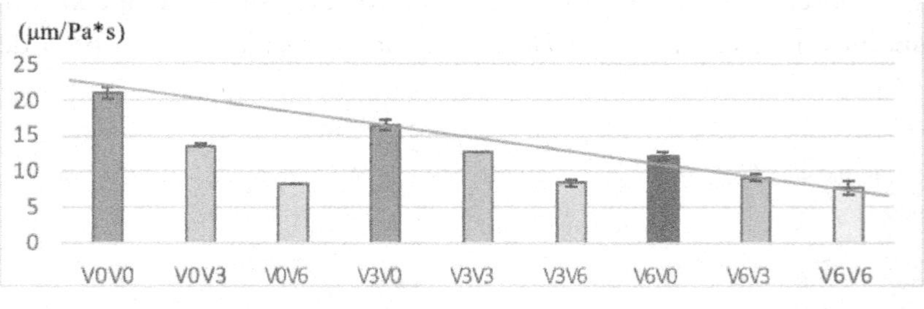

Figura 2. Valores de permeancia al aire de combinaciones de varillas

En el análisis de las combinaciones de varillas, se puede observar cómo se produce una disminución general de la permeancia al aire en todas las muestras estucadas respecto al sustrato control (papel office con 124,3 µm/Pa*s). También, se observa una ligera tendencia a la baja en cuanto mayor es el número de la varilla que se ha usado, es decir, las muestras que presentan mayor volumen depositado de CNC al 12,1 %. Así pues, los resultados más satisfactorios los encontramos en las combinaciones en las que se ha usado la varilla #6. Se observa que, se obtienen disminuciones ligeramente mayores cuando la varilla de número más pequeño es la primera en usarse para la capa de estucado, en las combinaciones con orden intercalado: V0V3 y V3 V0, V0V6 y V6V0, y por último V3V6 y V6V3.

3.2. Relación entre el incremento porcentual del volumen de CNC al 12,1 % y el incremento porcentual de la reducción de la permeancia al aire

En la muestra V0V0 se ha depositado un total de 1000 μL de CNC al 12,1 % y ha dado un porcentaje de reducción de la permeancia en el aire de 83,27 %. Comparándolo con el porcentaje de volumen de CNC al 12,1 % que se ha de incrementar (partiendo de 1000 μL) y con tal de incrementar el porcentaje de reducción de la permeancia en el aire, se observa que, a partir un incremento del 50 % (es decir, a partir de depositar 1500 μL), se estabiliza en torno al 1,1 % el incremento del porcentaje de reducción de la permeancia (Figura 3).

Por tanto, las tres combinaciones que nos aportarían el resultado más optimo, respecto al menor gasto de volumen de CNC, son: V0V3, V3V0 y V3V3. Dicho de otra forma, no es económicamente rentable

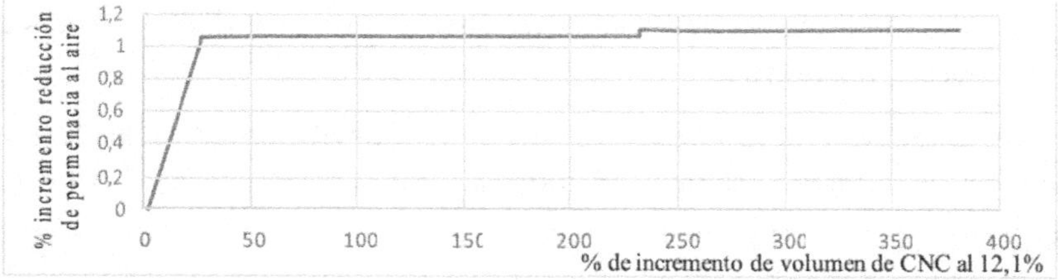

Figura 3. Relación entre el incremento porcentual de la reducción de la permeancia al aire y el incremento porcentual del volumen de CNC al 12,1%, de la muestra V0V0

seleccionar un estucado por encima del 50 % si el proceso de estucado debiera llevarse a gran escala. Por lo que, a pesar de haber observado una ligera tendencia a la baja (Figura 1) en cuanto mayor es el volumen de CNC depositado, la Figura 3 nos muestra que existe un máximo de permeancia alcanzable.

3.3. Propiedades ópticas: blancura, opacidad y curva espectral

Se observa que las disminuciones entre los porcentajes de blancura de las diferentes combinaciones de varilla no son significativas, obteniendo un máximo de disminución del 1,32 % en la muestra V6V3 y un mínimo del 0,64 % respecto al valor control del papel office sin estucar (98,8 %). Por otro lado, según el análisis de los resultados de la opacidad, no se observan diferencias significativas entre las diferentes combinaciones de estucados de doble capa ni entre la comparativa con el valor control (95 %) del papel office. Los valores tienden a estabilizarse en torno al 95,1 % en todas las muestras. Respecto a las curvas espectrales de las diferentes combinaciones, no se observan diferencias significativas entre los espectros de las muestras estucadas con doble capa, así como en la comparativa con el control.

3.4 Ángulo de contacto estático

El valor del ángulo de contacto estático del control del papel office (sin estucar), fue de 109°.

Los resultados obtenidos muestran una disminución general de los ángulos de contacto estáticos en todas las muestras estucadas con CNC respecto al control (Figura 4).

También se puede observar una tendencia a la baja de los diferentes ángulos de contacto estáticos en cuanto mayor es el número de la varilla usada, es decir, a mayor cantidad de CNC depositada. Esto se debe, al carácter hidrofílico de la CNC al estar en contacto con agua.

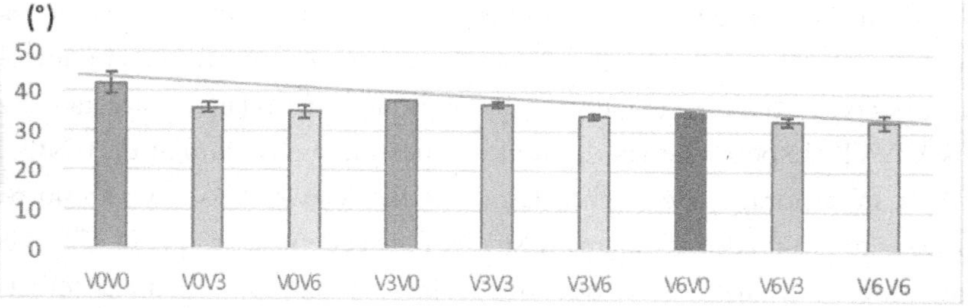

Figura 4. Valores de ángulo de contacto estático de estucados con CNC para diferentes combinaciones de varillas

3.5. Relación entre el incremento porcentual del volumen de CNC al 12,1 % y la reducción del ángulo de contacto estático

Se obtiene resultados de ángulo de contacto estático por debajo de los 33° en la muestra V6V6, la muestra con mayor carga de CNC (Figura 5).

Al igual que en la Figura 3, se observa que no saldría económicamente rentable seleccionar un estucado por encima del 50 %, si el proceso de estucado debiera llevarse a gran escala, ya que depositaríamos mucha más cantidad de CNC y no obtendríamos unos resultados directamente proporcionales. Por tanto, a pesar de haber observado una ligera tendencia a la baja, en cuanto mayor volumen depositado de CNC, la Figura 5 muestra que existe un máximo de ángulo de contacto estático alcanzable. Así que, las combinaciones que nos aportarían los mejores resultados, con un menor gasto de volumen de CNC, son: V0V3, V3V0 y V3V3.

3.6. Resultados de la velocidad de transmisión de vapor de agua (WVTR), normalizado con el espesor

Se obtiene el valor control del papel office (sin estucar), de 30,30 g/(día*m^2*µm) para el análisis del WVTR/Espesor.

Según los resultados obtenidos en el ensayo (Figura 6), no se observan cambios significativos entre las muestras estucadas y el control. Tampoco se observan evidencias que indiquen una relación directa entre las WVTR/Espesor de las diferentes muestras y el volumen de CNC al 12 % incorporado, de hecho, las muestras V0V0, V3V3 y el control presentan resultados similares. Esto es consecuencia de que la CNC es un material hidrofílico, y que tiene alta afinidad por el agua (efecto observado en el ensayo del ángulo de contacto estático), y aunque esté en estado gaseoso, la molécula de agua atraviesa la estructura del papel estucado sin problemas.

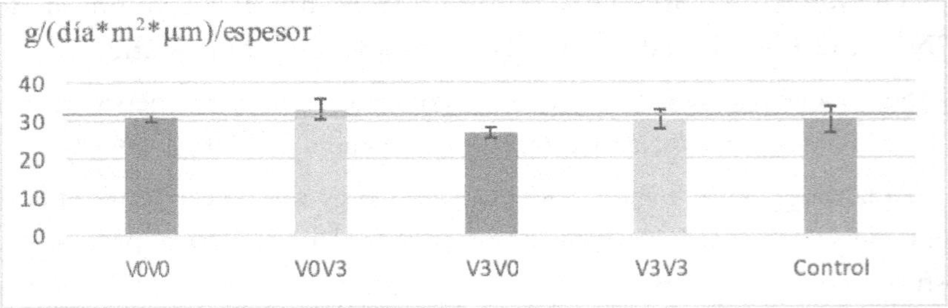

Figura 6. Valores de WVTR/espesor de combinaciones de varillas.
Fuente: elaboración propia

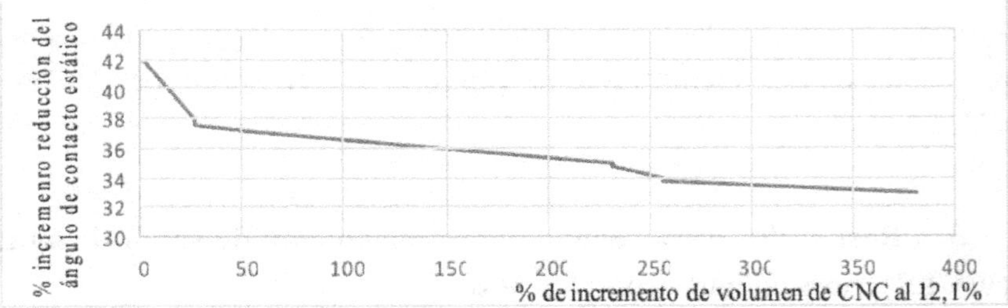

Figura 5. Relación entre el incremento porcentual de la reducción del ángulo de contacto estático y el incremento porcentual del volumen de CNC al 12,1 %, de la muestra V0V0

4. Conclusiones

Estucar con CNC al 12,1 % permite reducir significativamente la permeancia al aire. Se ha observado que, cuanto mayor es el numero de varilla, se obtienen mejores resultados en cuanto a reducción de permeancia al aire. La adición de 2 capas combinadas #0 y #3 presentan resultados más satisfactorios que utilizar una sola varilla, siendo mejor utilizar primero la de la varilla de número inferior. Al aplicar dos capas de estucado de CNC, se obtiene una mayor reducción de la permeancia al aire que aplicar una sola del mismo volumen. Las combinaciones que aportan mejores resultados, con un menor gasto de volumen de CNC, son: V0V3, V3V0 y V3V3. Las propiedades ópticas de las muestras y el ángulo de contacto (WCA) no se ven afectadas significativamente por cualquiera de las combinaciones de varillas de las muestras. No existe una relación directa entre el volumen de CNC y la velocidad de transmisión de vapor de agua.

Agradecimientos

Esta publicación es parte del proyecto de I+D+i PID2020-114070RB-I00 (CELLECOPROD), financiado por MCIN/AEI/10.13039/501100011033. Agradecemos también a la Beca Serra Húnter otorgada a Oriol Cusola.

Referencias

Ahmed, M., Azizi, S., Alloin, F., & Dufresne, A. (2005). Review of Recent Research into Cellulosic Whiskers, Their Properties and Their Application in Nanocomposite Field. *Biomacromolecules*, 612–626.

Bondancia, T. J., De Aguiar, J., Batista, G., Cruz, A. J. G., Marconcini, J. M., Mattoso, L. H. C., & Farinas, C. S. (2020). Production of Nanocellulose Using Citric Acid in a Biorefinery Concept: Effect of the Hydrolysis Reaction Time and Techno-Economic Analysis. *Industrial and Engineering Chemistry Research*, 59(25), 11505–11516.

Casado, U., Mucci, V. L., & Aranguren, M. I. (2021). Cellulose nanocrystals suspensions: Liquid crystal anisotropy, rheology and films iridescence. *Carbohydrate Polymers*, 261(February).

Chu, Y., Sun, Y., Wu, W., & Xiao, H. (2020a). Dispersion Properties of Nanocellulose: A Review. *Carbohydrate Polymers*, 250(July), 116892.

Chu, Y., Sun, Y., Wu, W., & Xiao, H. (2020b). Dispersion Properties of Nanocellulose: A Review. *Carbohydrate Polymers*, 250(June), 116892.

Delgado-Canto, M. A., Fernández-Silva, S. D., Roman, C., & García-Morales, M. (2020). On the Electro-Active Control of Nanocellulose-Based Functional Biolubricants. *ACS Applied Materials & Interfaces*, 12(41), 46490–46500.

Dufresne, A. (2013). Nanocellulose: a new ageless bionanomaterial. *Materials Today*, 16(6), 220–227.

Dufresne, A. (2019). Nanocellulose Processing Properties and Potential Applications. *Current Forestry Reports*, 76–89.

Habibi, Y., Goffin, A. L., Schiltz, N., Duquesne, E., Dubois, P., & Dufresne, A. (2008). Bionanocomposites based on poly(ε-caprolactone)-grafted cellulose nanocrystals by ring- opening polymerization. *Journal of Materials Chemistry*, 18(41), 5002–5010.

Habibi, Y., Lucia, L. A., & Rojas, O. J. (2010). Cellulose Nanocrystals: Chemistry , Self- Assembly, and Applications. *Chemicals reviews*, 6, 3479–3500.

Howard, K. W., & Hodgson, K. T. (2015). Influence of pigment packing behavior on the adhesive requirements of aqueous paper coatings. *Journal of Coatings Technology and Research*, 12(1), 237–245.

Huang, L., Zhang, X., Xu, M., Chen, J., Shi, Y., Huang, C. et al. (2018). Preparation and mechanical properties of modified nanocellulose/PLA composites from cassava residue. *AIP Advances*, 8(2).

Hubbe, M. A., & Gill, R. A. (2016). Fillers for Papermaking: A Review of their Properties, Usage Practices, and their Mechanistic Role. *BioResources*, 11(1), 2886–2963.

Koppolu, R., Abitbol, T., Kumar, V., Jaiswal, A. K., Swerin, A., & Toivakka, M. (2018). Continuous roll-to-roll coating of cellulose nanocrystals onto paperboard. *Cellulose*, 25(10), 6055–6069.

Li, H., Qi, Y., Zhao, Y., Chi, J., & Cheng, S. (2019). Starch and its derivatives for paper coatings: A review. Progress in Organic Coatings, 135(April), 213–227.

Liu, L., & Kong, F. (2021). The behavior of nanocellulose in gastrointestinal tract and its influence on food digestion. *Journal of Food Engineering*, 292(January 2020), 110346.

Nicu, R., Ciolacu, F., & Ciolacu, D. E. (2021). Advanced functional materials based on nanocellulose for pharmaceutical/medical applications. *Pharmaceutics*, 13(8).

Nunes, F. C., Ribeiro, K. C., Martini, F. A., Barrioni, B. R., Santos, J. P. F., & Melo Carvalho, B. (2021). PBAT/PLA/cellulose nanocrystals biocomposites compatibilized with polyethylene grafted maleic anhydride (PE-g-MA). *Journal of Applied Polymer Science*, 138(45), 1–11.

Posada, J. C., & Montes-Florez, E. (2021). Revisión: materiales poliméricos biodegradables y su aplicación en diferentes sectores industriales. *Informador Técnico*, 86(1), 94–110.

Reshmy, R., Philip, E., Madhavan, A., Pugazhendhi, A., Sindhu, R., Sirohi, R., Awasthi, M. K., Pandey, A., & Binod, P. (2022). Nanocellulose as green material for remediation of hazardous heavy metal contaminants. *Journal of Hazardous Materials*, 424(PB), 127516.

Shahnaz, T., Vishnu Priyan, V., Pandian, S., & Narayanasamy, S. (2021). Use of Nanocellulose extracted from grass for adsorption abatement of Ciprofloxacin and Diclofenac removal with phyto, and fish toxicity studies. *Environmental Pollution*, 268, 115494.

Singhal, A. K., Kumar, S., Gupta, S., Bhardwaj, N. K., & Varadhan, R. (2015). Calcium sulphate as pigment for improved functional properties of coated paper. *Progress in Organic Coatings*, 79(C), 31–36.

Tyagi, P., Hubbe, M. A., Lucia, L., & Pal, L. (2018). High performance nanocellulose-based composite coatings for oil and grease resistance. *Cellulose*, 25(6), 3377–3391.

Yoo, S., Hsieh, J. S., Zou, P., & Kokoszka, J. (2009). Utilization of calcium carbonate particles from eggshell waste as coating pigments for ink-jet printing paper. *Bioresource Technology*, 100(24), 6416–6421.

Younas, M., Noreen, A., Sharif, A., Majeed, A., Hassan, A., Tabasum, S., Mohammadi, A., & Zia, K. M. (2019). A review on versatile applications of blends and composites of CNC with natural and synthetic polymers with mathematical modeling. *International Journal of Biological Macromolecules*, 124, 591–626.

Repensando el diseño de packaging para e-commerce

Sílvia Escursell, M. Blanca Roncero
CELBIOTECH_Paper Engineering Research Group, ESEIAAT, Departament d'Enginyeria Gràfica i de Disseny (UPC)

Pere Llorach-Massana
Elisava, Facultat de Disseny i Enginyeria de Barcelona. (UVIC-UCC)

Abstract

If we analyse the evolution of humanity, the industrial revolution marked a before and after in society, and also in the manufacturing process, moving from handicrafts to the industrial scale with all its consequences, becoming less and less sustainable. Industrialisation has allowed for efficiency in production methods to improve speed and to economise products in order to reach more people. However, this democratisation has been to the disadvantage of excess products, sustainability and the constant repetition of forms, which has limited creativity. The technologies available today make it possible to find new alternatives to increase creativity in a more sustainable and conscious way when conceiving products and their production. In this article we will analyse where we are coming from, the initiative to break away from familiar forms, and to rethink new materials and manufacturing processes for e-commerce packaging. With this, we will try to avoid falling into the premises described above, although we are aware that we are human and perfection does not exist.

Resumen

Si analizamos la evolución de la humanidad, la revolución industrial nos marcó un antes y un después en la sociedad, y también en el sistema de producción, pasando de la artesanía a la escala industrial, con todas sus consecuencias, siendo cada vez menos sostenibles. La industrialización ha permitido una eficiencia en los procesos de producción para mejorar en la rapidez y economizar los productos para llegar a más personas. Aunque esta democratización ha sido en detrimento del exceso de productos, de la sostenibilidad y la repetición constante de las formas que ha limitado la creatividad. Las tecnologías disponibles en la actualidad permiten encontrar nuevas alternativas para aumentar la creatividad de manera más sostenible y consciente a la hora de concebir productos y su producción. En este artículo analizaremos de dónde venimos, la iniciativa en romper con las formas hasta ahora conocidas, y en repensar nuevos materiales y procesos de producción para el packaging e-commerce. Con ello, se intentará evitar caer en las premisas antes descritas, aunque somos conscientes que somos humanos y la perfección no existe.

1. Introducción. De dónde venimos: La revolución industrial y la repetición de las formas

A lo largo de la historia los materiales y las herramientas utilizadas en los procesos de comunicación han ido determinando las formas y las maneras de producir. Si nos focalizamos en la evolución de la escritura, es un claro ejemplo de ello. Por un largo período de tiempo el uso de la piedra y el metal fueron los soportes más significativos para dar durabilidad a los elementos escritos, éstos eran soportes pesados y se necesitaba el uso del cincel para escribir, por esta razón los resultados de los alfabetos eran rígidos o bien tenían formas geométricas muy puras (basados en el círculo, rectángulo o cuadrado). Las tablillas, predecesoras de los libros, eran de arcilla (más frágiles), de madera, metal o marfil y luego se les aplicaba una capa de cera o de resina. Las tablillas adoptaron unas formas rectangulares acotando así un espacio contenedor, preciso y armónico que se ha ido repitiendo y consolidando a lo largo de las décadas no tan solo en las formas de los libros, sino también en otros productos como en las fotografías, pantallas, escaparates (Vallejo, 2020). La invención del papiro, y más tarde del pergamino o vitela, permitieron dar una superficie más lisa al soporte ayudando al ductus de los calígrafos a trabajar con más rapidez y suavidad en las formas orgánicas de los alfabetos siendo éstos más curvos y redondeados. Con la aparición de los pergaminos, la permanencia de los escritos quedaba asegurada (Mediavilla, 2005; Vallejo, 2020).

Gracias a la invención del sistema de impresión basado en tipos móviles que ideó Gutenberg en 1455, la producción de libros de manera mecánica permitió que éstos llegaran a más personas. El formato rectangular de las tablillas se mantuvo (McLuhan, 1962; Watson, 2002). Con la invención de la fotografía en 1839 de la mano de Joseph Nicéphore en Francia, la comunicación tuvo un cambio sustancial y cualitativo. Y como bien hemos sugerido previamente, el formato se mantuvo rectangular. A partir de este momento empezaron los cambios sustanciales en la comunicación y en las tecnologías, un punto a tener en cuenta porque no había existido tan gran evolución desde la época de Mesopotamia. Otro cambio sustancial fue la entrada de la TV, las primeras televisiones fueron de rayos catódicos. Esto permitió que la comunicación pasase a ser una revolución audiovisual, aunque la forma siguió manteniéndose rectangular (McLuhan, 1962; Watson, 2002).

Si esta reflexión la trasladamos al mundo de la comunicación visual nos encontraremos con una situación análoga en la que las formas siempre repiten el mismo esquema. Es decir, se trabaja universalmente con el formato DIN utilizado en el sistema de impresión, y las formas rectangulares son omnipresentes así como también en los sistemas digitales. Pantallas de televisión, móviles, tablets, ordenadores e incluso packaging son un claro ejemplo de ello. Sin embargo, gracias a las tecnologías emergentes y la creación de nuevos materiales, se está abriendo la posibilidad de visualizar nuevos horizontes y presentar nuevas propuestas.

Como constata Oxman (2015), la Revolución Industrial dio lugar a la producción en masa, a la repetición y al diseño práctico, en detrimento de la imaginación. Es la antítesis de la tradición y los valores del artesano y sus procesos de creatividad, de originalidad, desde el cuidado, de una producción personalizada, manteniendo sus procesos y tiempos (Sennett, 2009). Actualmente, Oxman, junto con su equipo de investigación, busca nuevas metodologías y materiales para romper con esta tendencia a la repetición y trabaja de una forma más orgánica y en colaboración con los elementos de la naturaleza (Antonelli and Burckhardt, 2020; Oxman et al., 2015).

2. Metodologías. Contextualización y evolución del diseño

En los últimos años la metodología en el diseño gráfico ha cambiado como consecuencia del desarrollo de las nuevas tecnologías. Ito (2016) nos demuestra como el diseño siempre va de la mano de las ideas y de buenas prácticas, además de funcionar según el pensamiento científico y viceversa. Esto significa que el diseño está vivo y ha pasado de centrarse en objetos físicos a trabajar en sistemas complejos e interactivos. De hecho, durante bastantes décadas los estudios y procedimientos en diseño gráfico se han basado en los fundamentos pautados por la escuela Bauhaus, es decir en la fusión del diseño con las diferentes artes y artesanías, y con la idea de potenciar la intuición dentro del sistema industrial del ensamblaje (Droste, 2019; Sofía, 1988). Diversos teóricos historiadores del diseño como Margolin (2005) han estudiado en profundidad la metodología establecida por la Bauhaus, y considera que la filosofía y pedagogía del diseño de la Bauhaus fue una idea válida y práctica durante un largo período de tiempo, pero que no estaba preparada por lo que el futuro nos deparaba, especialmente en el campo de la tecnología y el comercio en términos de diseño. Para ello, hoy en día la evolución en diseño requiere colaborar con otras disciplinas como la ciencia, la tecnología e incluso las humanidades (arte, filosofía…). Se tiene que dar una propuesta más enriquecedora y conseguir una sociedad sostenible. Esta propuesta llegará del surgimiento de nuevas ramas en el diseño como el Biodesign. El estudio de los procesos seguidos en esta disciplina nos servirá de guía para poder afrontar los retos de la aplicación de nuevos materiales y procesos de producción en el packaging, capaces de crear un nuevo lenguaje. Para ello, nuestra metodología de trabajo es colaborar con científicos especializados en celulosa en el laboratorio de CELBIOTECH (UPC), y desarrollar nuevos materiales para packaging (Cusola et al., 2018, 2014; Fernández, 2016). También nos basamos en estudios de otros científicos especializados en celulosa, nanocelulosa y celulosa bacteriana (Habib et al., 2018; Hara, 2010; Osong et al., 2016; Ramesh, 2017; Urbina et al., 2021; Wang et al., 2019; Yang et al., 2019). Y sobre todo nos centraremos en recetas de materiales con base celulosa de otros grupos de trabajo (Chemarts, 2018; Kääriäinen et al., 2020; Lindberg et al., 2017) para entender y argumentar nuestra propuesta de materiales en base celulosa, sean a partir de plantas y de bacterias. A partir de todos estos conocimientos, se experimentará con la idea de conseguir diferentes resultados en los materiales y de esta manera dar alternativas al packaging de e-commerce.

3. Resultados: Propuesta de nuevos materiales para packaging

Científicos como Lynn Margulis, Janine Benyus o Stefano Mancuso, nos han demostrado la variedad de materiales y procesos de reproducción en los ecosistemas naturales, y la relación de dependencia entre ellos. Esto quiere decir que unos se alimentan de otros sin generar residuos y construyendo juntos modelos resilientes, colaborativos, creativos y sensoriales (Mancuso, 2017).

Nuestra pregunta entonces es, ¿por qué no aplicamos estos sistemas naturales en la producción de packaging para e-commerce aportando variedad de materiales, así como diferentes procesos de producción para adaptarse a cada tipología de producto, sin la necesidad de crear overpackaging? Para ello se estudiarán y presentarán diferentes propuestas de materiales basados en celulosa proveniente de los vegetales (Mancuso, 2017) como también proveniente de las bacterias (Margulis and Sagan, 1996). Y, ¿por qué se escoge la celulosa cómo material base para este packaging? Porque la celulosa es uno de los materiales más copiosos en la tierra y de los más renovables, por lo tanto respetuoso con el medio ambiente (Escursell et al., 2021).

3.1. Celulosa de fibra vegetal

Las plantas se desarrollaron a partir de las algas y con ello concluyó la evolución biológica. El desarrollo de la lignina aportó la verticalidad en la biosfera, al ser una sustancia que une a las fibras y les permite crecer en una nueva dimensión con fuerza y rigidez. Además de aportarnos una belleza incalculable gracias a sus colores, texturas, aromas y sabores, no somos conscientes de la cantidad de productos, alimentos y materiales que nos rodean producidos a partir de plantas así como la ropa de algodón, muebles, chicle, chocolate, carbón, pigmentos, morfina, codeína, aspirina (ácido salicílico), antifúngicos, pesticidas, repelentes de insectos, perfumes, entre otros (Margulis and Sagan, 1996).

Como humanos nos sentimos superiores al resto de seres vivos, pero aunque no tengan cerebro, estos saben beneficiarse de nuestra inteligencia para desarrollarse (Mancuso, 2017; Margulis and Sagan, 1996). Por esta razón es interesante continuar experimentando y colaborando con las plantas en beneficios de todos y en este sentido para desarrollar packaging sostenible. En el laboratorio de Celbiotech hemos experimentado con diferentes materias primas en base celulosa para conseguir materiales más resistentes así como otros más flexibles y se han seleccionado los tres con unas características muy particulares, que detallaremos a continuación.

Material núm. 1

En la Figura 1 se muestra los ingredientes y los utensilios utilizados para obtener el material núm. 1, así como una imagen del resultado final.

Ingredientes	Utensilios	Resultado material
5 g pasta eucalipto 162 ml agua destilada 0,5 ml jabón lavavajillas 167 g solución CNC (3 % sequedad)	Recipiente Batidora Espátula Tamizador	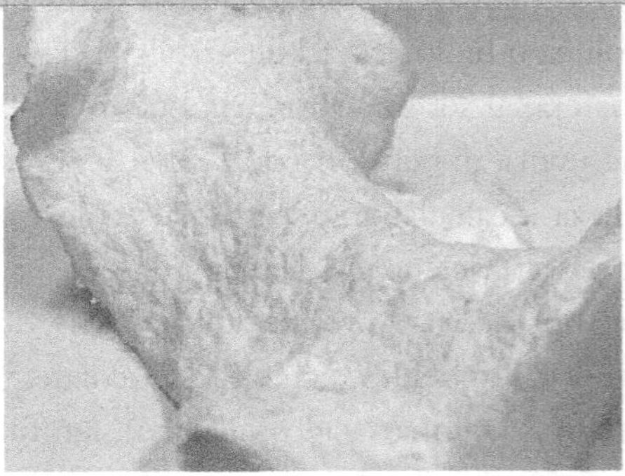

Figura 1. Ingredientes, utensilios utilizados y resultado del material núm. 1

Metodología y resultados:

Mezcla de los ingredientes y secado sobre una malla de rejilla en una sala acondicionada a 23 °C y 50 %HR, durante ocho días. Tiene una gran flexibilidad y a la vez una elevada resistencia. Alta dureza, y su rotura es difícil, aunque se deshace bien en agua. En los extremos es más translúcido que en el centro que es más opaco. Tiene una textura granulada en el centro aunque en las zonas laterales es más lisa y suave, según la zona de concentración del material. El color es blanco. Sin olor.

Material núm. 2

En la Figura 2 se muestra los ingredientes y los utensilios utilizados para obtener el material núm. 2, así como una imagen del resultado final.

Ingredientes	Utensilios	Resultado material
25 g pasta eucalipto 100 ml agua destilada 10 ml CMC 41,7 g solución CNC (3 % sequedad)	Jeringa (para extrusionar) Recipiente Batidora Espátula Agitador	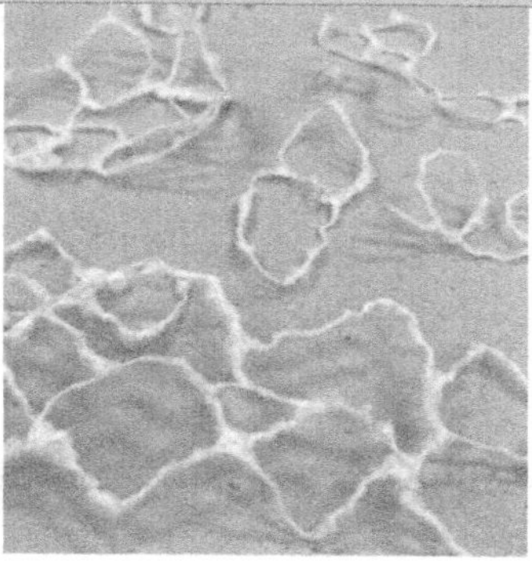

Figura 2. Ingredientes, utensilios utilizados y resultado del material núm. 2

Metodología y resultados:

Mezcla de los ingredientes y secado sobre una malla de rejilla en una sala acondicionada a 23 °C y 50 %HR durante ocho días. Los hilos han quedado flexibles y se adaptan bien a la forma cuando se efectúa presión sobre ellos. Mantienen la forma que se le da. Según la dirección del extrusionado cuesta romper más en unos lados u en otros. No es altamente duro ni muy resistente pero si realmente flexible, adaptable y se puede extrusionar fácilmente. Textura suave. Color blanco. Sin olor.

Material núm. 3

En la Figura 3 se muestra los ingredientes y los utensilios utilizados para obtener el material núm. 3, así como una imagen del resultado final.

Ingredientes	Utensilios	Resultado material
100 g. pasta reciclada de periódico 100 g. cañamiza (residuo del cáñamo) 200 ml agua destilada 14 g. fécula de patata	Recipiente Batidora Espátula Agitador	

Figura 3. Ingredientes, utensilios utilizados y resultado del material núm. 3

Metodología y resultados:

Mezcla de los ingredientes y secado sobre una malla de rejilla en una sala acondicionada a 23°C y 50%HR durante quince días. Ha quedado una estructura muy bien compactada. Es muy duro y muy resistente. Textura rugosa y compresible al tacto. Color marronoso. Sin olor.

Estos tres materiales nos demuestran, que por un lado añadiendo nanocelulosa a la pasta de eucalipto se consiguen mejores propiedades de resistencia, dureza y también flexibilidad para poder aplicarlos en nuevos sistemas de producción aditiva como es la extrusión. Pero la aplicación de nanocelulosa, en la actualidad, puede resultar bastante caro por lo que su destino se limitaría a productos de alto valor añadido. Por ello se ha buscado también una alternativa más sostenible y económica a partir del reciclado de fibras de papel y del reciclado de fibras vegetales, obteniendo resultados interesantes por su compactación y dureza a la hora de pensar en productos más frágiles.

3.2. Celulosa bacteriana (CB)

En la industria actual, la mayoría de la producción realizada con celulosa, proviene de fibras de origen vegetal. Aunque últimamente ha incrementado el interés por la celulosa bacteriana, al ser altamente pura y de alta cristalinidad (un 80 % a diferencia del 40-80 % de la celulosa vegetal) y con alta resistencia mecánica (Carreño Pineda et al., 2012; Fernández, 2016; Wang et al., 2019). Además de estas características, también se destaca por su alta capacidad de retención de líquidos, por su biocompatibilidad, por ser natural y por su flexibilidad.

Aunque existen diferentes bacterias para sintetizar la celulosa, en los laboratorios se utiliza mayoritariamente el género Acetobacter, por su gran eficiencia productiva (Carreño Pineda et al., 2012). De hecho, esta bacteria ya fue detectada en 1886 por J. Brown, a través de su observación de una mucosa viscosa en una superficie fermentada de vinagre, aunque su hábitat también puede ser en la descomposición de frutas y hortalizas (Fernández, 2016). A partir de los años 50 se retomó el estudio para evolucionar el medio de cultivo de la bacteria y su biosíntesis. En la década de los 90 y hasta la actualidad se han sumado más investigaciones para la búsqueda de una escalabilidad industrial a este proceso de producción.

Podemos decir que nos encontramos en un momento único, para investigar cómo implementar este material flexible y regenerativo en el packaging de e-commerce aportando unas propiedades tan especiales.

En el laboratorio de CELBIOTECH se ha comprado la cepa K. Xylinus en placa, en el CECT 7351 (colección de cultivos tipo): CIP 102107. También se ha desarrollado el medio estándar de cultivo H-S (Hestrin y Schramm, 1954) en estático. En la tabla 1 se muestran las medidas utilizadas tanto en medio líquido como sólido. La bacteria se ha inoculado en el medio líquido para que se generara la CB.

1 litro de Medio líquido	400 ml de Medio sólido
20 g/l de glucosa 5 g/l de peptona 5 g/l de extracto de levadura 2.7 g/l de fosfato disódico 1.15 g/l de ácido cítrico	8 g/l de glucosa 2 g/l de peptona 2 g/l de extracto de levadura 1.08 g/l de fosfato disódico 0.46 g/l de ácido cítrico 6 g/l de agar

Tabla 1. Ingredientes utilizados para la preparación de medios de cultivo para la producción de CB

En la Figura 4 se muestran diferentes ejemplos de la celulosa bacteriana obtenida.

(a) (b)

Figura 4. (a) Celulosa bacteriana, pruebas en moldes de silicona. (b) Celulosa bacteriana, resultado del molde

Metodología de secado y resultados:

Después de una semana, la CB se ha lavado según el método álcali, dentro de un recipiente con agua destilada (500ml) y NaOH (5g de sosa cáustica) agitándose overnight. Una vez limpia, se deja secar durante una semana dentro de placas Petri y en moldes de silicona en un lugar seco y a temperatura ambiente. Se obtiene como resultado una membrana muy fina y flexible. Se aprecia que la CB se adapta a la forma del molde e incluso quedan marcadas las estrías del molde de silicona dejando una textura interesante. De hecho, se ha observado que el cultivo en moldes de silicona permiten crecer a la bacteria con más holgura que no el vidrio o plástico. Como alternativa a la glucosa, se han realizado pruebas con residuos de mermelada y de panela, para economizar el material, ya que la glucosa es cara. Los resultados conseguidos con estas alternativas en el medio han sido satisfactorios, consiguiendo los mismos resultados que con glucosa pura.

Para conseguir mayor grosor en el resultado final, se ha experimentado con CB a partir de la Kombucha SCOBY (Symbiotic Culture of Bacteria and Yeast). Una vez más, la experimentación se ha realizado con glucosa así como el líquido de remolacha una vez hervida, para obtener mayor circularidad y economización del material. En la tabla 2 se muestran los ingredientes utilizados para obtener las muestras de CB de la Figura 5.

Se puede observar en la Figura 6 que el grosor de la CB Kombucha es mayor y más resistente que la conseguida con la K. Xylinus. Normalmente en los laboratorios científicos la Kombucha SCOBY no es tan utilizada, aunque se ha observado que existen indicios de su uso a nivel científico para caracterizarla y encontrar alternativas a la CB a partir del genero *Acetobacter* (Amarasekara et al., 2020).

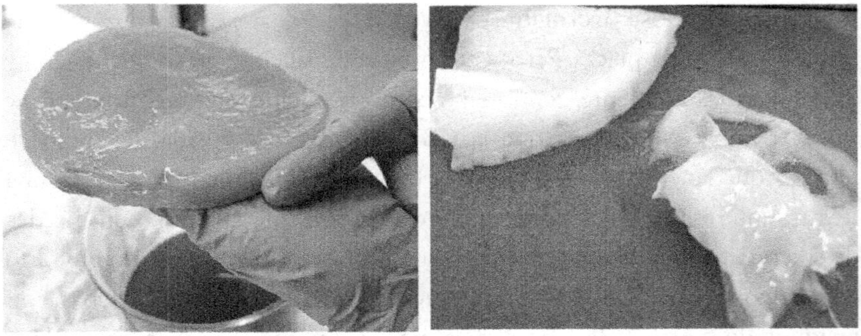

(a) (b)

Figura 5. (a) Celulosa bacteriana a partir de la Kombucha SCOBY antes del lavado. (b) Celulosa bacteriana a partir de la Kombucha SCOBY después del lavado con NaOH overnight

Kombucha con glucosa	**Kombucha con remolacha**
560 ml de agua destilada 5.6 g de té verde 10 g/l glucosa 50 g Kombucha SCOBY	240 ml de agua destilada 2.4 g de té verde 20 ml de líquido de remolacha 50 g Kombucha SCOBY

Tabla 2. Ingredientes utilizados en la CB

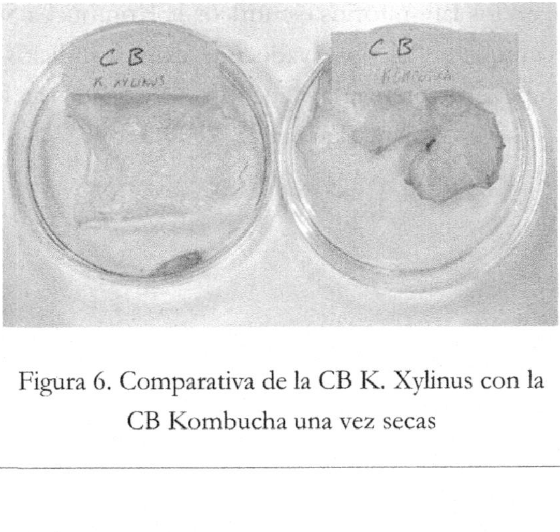

Figura 6. Comparativa de la CB K. Xylinus con la CB Kombucha una vez secas

4. Conclusiones

Se ha conseguido una interesante variedad de materiales con diferentes características:

- Flexibilidad y elevada resistencia. Materias primas vírgenes y alto coste.
- Flexibilidad y adaptable a la forma. Materias primas vírgenes y alto coste.
- Compactado, duro y muy resistente. Materias primas recicladas y bajo coste.
- Membrana fina, resistente y flexible. Materias primas vírgenes y recicladas, como consecuencia alto y medio coste. Interesantes los procesos de cuidado y seguimiento, al ser un organismo vivo.

De esta manera nos aportan posibles aplicaciones en diferentes productos que se venden por e-commerce, en función de su fragilidad, resistencia, forma, etc. Se concluye también que existen otras alternativas que pueden abordarse, como la mezcla de CB, entre ellas y/o con fibra vegetal. En todo caso, se abre un gran abanico de posibilidades que pueden contemplarse según el producto final y el proceso de fabricación.

Agradecimientos

Esta publicación forma parte del proyecto PID2020-114070RB-I00 (CELLECOPROD), financiado por MCIN/AEI/10.13039/501100011033.

Referencias

Amarasekara, A.S., Wang, D., & Grady, T.L. (2020). A comparison of kombucha SCOBY bacterial cellulose purification methods. *SN Appl. Sci.,* 2, 1–7. https://doi.org/10.1007/s42452-020-1982-2

Antonelli, P., & Burckhardt, A. (2020). *Neri Oxman Material Ecology*. The Museum of Modern Art, New York, New York.

Carreño Pineda, L.D., Caicedo Mesa, L.A.C.M., & Martínez Riascos, C.A. (2012). Técnicas de fermentación y aplicaciones de la celulosa bacteriana: una revisión. *Ing. y Cienc.*, 8, 307–335. https://doi.org/10.17230/ingciencia.8.16.12

Chemarts (2018). *Chemarts.* Summer School.

Cusola, O., Kivistö, S., Vierros, S., Batys, P., Ago, M., Tardy, B.L. et al. (2018). Particulate Coatings via Evaporation-Induced Self-Assembly of Polydisperse Colloidal Lignin on Solid Interfaces. *Langmuir*, 34, 5759–5771. https://doi.org/10.1021/acs.langmuir.8b00650

Cusola, O., Valls, C., Vidal, T., & Roncero, M.B. (2014). Rapid functionalisation of cellulose-based materials using a mixture containing laccase activated lauryl gallate and sulfonated lignin. *Holzforschung*, 68, 631–639. https://doi.org/10.1515/hf-2013-0128

Droste, M. (2019). *Bauhaus; Bauhaus Archiv 1919 - 1933.* Benedikt Taschen, Berlin.

Escursell, S., Llorach-Massana, P., & Roncero, M.B. (2021). Sustainability in e-commerce packaging: A review. *J. Clean. Prod.,* 280, 124314. https://doi.org/10.1016/j.jclepro.2020.124314

Fernández, J. (2016). *Producción y Caracterización de Celulosa Bacteriana: Nuevos Aislamientos y Medios de Cultivo.*

Habib, A., Sathish, V., Mallik, S., & Khoda, B. (2018). 3D printability of alginate-carboxymethyl cellulose hydrogel. *Materials (Basel).,* 11. https://doi.org/10.3390/ma11030454

Hara, K. (2010). *Senseware Tokyo Fiber.* Design Museum Holon, Holon. Israel.

Ito, J. (2016). Design and Science. *J. Des. Sci.* https://doi.org/10.21428/f4c68887

Kääriäinen, P., Tervinen, L., Vuorinen, T., & Riutta, N. (2020). *The Chemarts Cookbook.* Aalto University publications.

Lindberg, A., Riutta, N., Vuorinen, T., Kääriaäinen, P., Ivanova, A., & Dou, J. (2017). *Chemarts_SummerSchool2017.* Finland.

Mancuso, S. (2017). *El Futuro es vegetal.* Stefano Mancuso; traducción de David Paradela López. Galaxia Gutenberg, Barcelona.

Margolin, V. (2005). *Altruism as Design Methodology David Stairs.* Spring 21.

Margulis, L., & Sagan, D. (1996). *¿Qué es la vida?* Tusquets editores, Barcelona.

McLuhan, M. (1962). *La Galaxia de Gutenberg. Génesis del "homo typographicus".* Círculo de lectores, Barcelona.

Mediavilla, C. (2005). *Caligrafía.* Campgrafic, Valencia.

Osong, S.H., Norgren, S., & Engstrand, P. (2016). Processing of wood-based microfibrillated cellulose and nanofibrillated cellulose, and applications relating to papermaking: a review. *Cellulose*, 23, 93–123. https://doi.org/10.1007/s10570-015-0798-5

Oxman, N., 2015. *Design at the intersection of Technology and biology*. https://www.ted.com/talks/neri_oxman_design_at_the_intersection_of_technology_and_biology?language=es

Oxman, N., Ortiz, C., Gramazio, F., & Kohler Prof, M. (2015). Material ecology. CAD Comput. *Aided Des.*, 60, 1–2. https://doi.org/10.1016/j.cad.2014.05.009

Ramesh, M. (2017). Plant fibre based bio-composites: Sustainable and renewable green materials. *Renew. Sustain. Energy Rev.*, 79, 558.

Sennett, R. (2009). *El artesano.* Editorial Anagrama, Barcelona.

Sofía, C. de A.R. (1988). *Utopías de la Bauhaus.* Madrid.

Urbina, L., Corcuera, M.Á., Gabilondo, N., Eceiza, A., & Retegi, A. (2021). A review of bacterial cellulose: sustainable production from agricultural waste and applications in various fields. *Cellulose*, 28, 8229–8253. https://doi.org/10.1007/s10570-021-04020-4

Vallejo, I. (2020). *El infinito en un junco. La invención de los libros en el mundo antiguo.* Ediciones Siruela, Madrid.

Wang, J., Tavakoli, J., & Tang, Y. (2019). Bacterial cellulose production, properties and applications with different culture methods – A review. *Carbohydr. Polym.*, 219, 63–76. https://doi.org/10.1016/j.carbpol.2019.05.008

Watson, P. (2002). *Historia intelectual del Siglo XX.* Editorial Crítica, Barcelona.

Yang, N., Zhang, W., Ye, C., Chen, X., & Ling, S. (2019). Nanobiopolymers Fabrication and Their Life Cycle Assessments. *Biotechnol. J.* https://doi.org/10.1002/biot.201700754

La fabricació additiva: Una de les emergències tecnològiques de la indústria 4.0 que interessa als estudiants d'enginyeria

Cesc Mestres-Domènech
ESEIAAT. Enginyeria de Projectes i de la Construcció (UPC)

ESEIAAT. Enginyeria Gràfica i de Disseny (UPC)

Jose Luis Lapaz
ESEIAAT. Enginyeria Gràfica i de Disseny (UPC)

Resum

En la següent publicació, es pretén explicar com perceben els estudiants la indústria 4.0 i quin model de fabricació visualitzen durant la seva etapa d'estudis. És evident que els estudiants d'enginyeries industrials estant atents al que succeeix en la indústria 4.0. I aquestes evidències, basades en l'experiència docent, es pot percebre que els estudiants d'enginyeria estant molt atents en les emergències tecnològiques i sobretot en totes les tecnologies digitals que s'utilitzen a la indústria. Un clar exemple ha estat la fabricació digital, basada sobretot de la mà de la fabricació additiva o impressió 3D. Els estudiants han pogut percebre com s'ha democratitzat la fabrica i alhora, han sabut cercar a on accedir a aquestes eines. Alguns d'aquests espais de fabricació digital descoberts, són anomenats espais *makers*. En aquesta publicació, també es vol fer ressò de com han impactat socialment aquests espais de fabricació a les ciutats, quin és el seu origen i com s'estan utilitzant. Però com a reflexió final, s'ha remarcat com els docents hem d'estar atents en mostrar totes les oportunitat que ofereix la convivència d'ambdós escenaris: el de la fabricació digital i el de la fabricació tradicional per resoldre qualsevol dels projectes acadèmics i futurs.

Abstract

In the following post, it aims to explain how students in Industry 4.0 perceive and what manufacturing model they see during their studies. Clearly, industrial engineering students are paying close attention to what's happening in Industry 4.0. And this evidence, based on teaching experience, shows that engineering students are very attentive to technological emergencies and especially to all the digital technologies used in the industry. A clear example has been digital manufacturing, based mainly on the hand of additive manufacturing or 3D printing. Students have been able to see how the factory has been democratized and, at the same time, how to access these tools. Some of these discovered digital manufacturing spaces are called maker spaces. This publication also aims to show how these manufacturing spaces have had a social impact on cities, what their origins are and how they are being used. But as a final discussion, it has been highlighted how teachers must be careful to show all the opportunities offered by the coexistence of both scenarios: that of digital manufacturing and that of traditional manufacturing to solve any of the academic projects and future.

1. La indústria 4.0: Com arriba a la cultura *maker*

Després d'un lleuger interès personal sobre concepte indústria 4.0, i en una forta inquietud en entendre que volia dir exactament, per poder aportar aquest valor a la docència, es van resoldre moltes de les qüestions que es tenien, després de poder coincidir durant la primera jornada del Advanced Factories Congress del 2018, i més concretament d'una de les ponències en que intervé el Dr. Xavier Ferràs.

Ferràs, professor, consultor i divulgador en innovació, estratègia, emprenedoria i gestió de la tecnologia. Doctorat en Business Economics, MBA ESADE i Enginyer en Telecomunicacions, d'una forma molt planera i entenedora, va explicar que és un desplegament industrial 4.0 sota un Keynote anomenat Industria 4.0 i tecnologies exponencials: com impactaran en la societat i en l'economia.

Més o menys, o va introduir d'aquesta manera que s'intenta resumir:

El fenomen Industria 4.0 arriba des d'Alemany on es va batejar com a 4.0, fent ressò a la quarta revolució industrial. Així doncs, quines són les anteriors revolucions? Més conegudes són la primera revolució industrial, on la motorització i els avanços tècnics com la màquina de vapor, van fer anar telers a la bora dels rius, destacat sobretot a Manchester. O la segona revolució industrial, amb la seva fabricació seriada al més estil Fordista. És més recent, i potser menys coneguda, la tercera revolució industrial. Aquesta tercera s'atribueix a la força de la digitalització amb l'arribada sobretot d'Internet.

Així doncs, la quarta revolució industrial es pot entendre com l'impacte de les tecnologies disruptives sobre la fàbrica. Amb algunes amb més força que altres per convertir una fabrica més intel·ligent com l'Internet de les coses (IoT), els sistemes ciberfísics, bigdata, intel·ligència artificial (AI), gestió energètica, Robòtica col·laborativa, la fabricació additiva, etc.

Però d'on ve tot això? Ja fa forces anys que es parlava de la Fabrica Digital. També en altres indrets se la coneix com a Smart Factories, Lean Manufacturing, etc. I de fet, el 4.0 tracte de posar en marxa les fàbriques intel·ligents que alhora estiguin connectades i aprenguin per si mateixes. Tot plegat, pot semblar una pel·lícula de ciència ficció, però tot això a la indústria ja és una realitat.

En definitiva, aquest discurs anterior es veu molt ben descrit i amb precisió a la publicació de The Fourth Industrial Revolution (Schwab, 2016). Schwab és un economista i empresari alemany conegut per ser el fundador del Foro Econòmic Mundial qui explica molt bé quins són els fonament de la digitalització de les fàbriques i cap a on succeeix el futur de la indústria 4.0, 5.0, etc.

Una de les reflexions que es perceben entre els estudiants d'enginyeria és que un dels llocs a on cerquen sobre aquests continguts industrials 4.0 és en els espais maker. Uns espais on tenen a l'abast el primer tast d'aquestes emergències tecnològiques i amb molta força la impressió 3D.

I partint d'aquesta reflexió, es pot qüestionar el que es desenvolupa més endavant en aquesta publicació: Els espais makers han permès democratitzar la fabricació?

2. La impresió 3D ha democratitzat la fabricació

Una de les reflexions que es noten a la docència és com ha captivat tant la impressió 3D en els estudiants i com aquests s'han acostat als laboratoris *maker* per experimentar en aquest model de fabricació (Marcos Bonet, 2016). No només en la impressió 3D, sinó també en altres recursos com el tall làser, la programació lliure amb Arduino, internet de les coses, etc.

La immersió en base a les fonts cercades, s'emmarquen en conèixer l'estat de la qüestió per conèixer alhora quin és l'origen de la cultura *maker*, on succeeix aquest fenomen i per tan quines característiques tenen aquests espais *makers*.

2.1. Quin és l'origen de la cultura *maker*?

Per entendre quin és l'origen de la cultura *maker* és imprescindible conèixer els següents autors que han estat crucials en aquest context contemporani, si més no, en els darrers quinze anys. És imprescindible conèixer les seves publicacions rellevants, ja que són l'enfoc d'investigació:

Neil Geshenfeld, és doctor en física i professor del MIT (Massachusetts Institue of Technology) i director del Center for Bits and Atoms, al mateix MIT. L'any 1998 va impulsar una classe titulada *How to make (almost) anything* on pretenia posar en joc i introduir les diferents tecnologies i màquines industrials als estudiants de perfils tècnics. Sorprenentment, va atraure a moltes disciplines com el disseny, l'arquitectura i l'art. D'aquí neix el concepte FabLab i això succeeix l'any 2001 com un taller a petita escala que ofereix a la gent eines de fabricació digital. Geshenfeld publica *Fab: the coming revolution on your desktop--from personal computers to personal fabrication* (Gershenfeld, 2005) on explica en detall com succeeix aquesta fabricació personal i en aquesta nova revolució industrial. Ho intenta assimilar a la revolució de la informàtica dels ordenadors personals de la generació anterior. D'aquest fet, se'n fa ressò el *The Economist* (Scan, 2005) amb un article publicat al 2005 amb el mateix títol que va utilitzar Geshenfeld en aquella mítica classe uns anys abans.

Figura 1. FabLab del MIT amb Neil Geshenfeld.
Font: MIT

Chris Anderson, és un emprenedor britànic-americà qui va fundar al 2001 la revista Wired, després de treballar uns anys al *The Economist.* La revista Wired dedica els seus continguts a la cultura *maker.* Anderson co-funda l'empresa 3D Robotics de fabricació de drons de la que actualment n'és CEO. És l'autor del principal llibre que motiva sobretot aquest apartat de la publicació, *Maker: The new industrial revolution* (Anderson, 2012). En aquest llibre ens endinsem a la cultura *maker*, segons la visió i experiència de l'autor. Pretén doncs analitzar, d'una forma molt global, que està succeint en aquest context on diferents persones es dediquen al disseny i a la fabricació dels seus propis productes. Cal esmentar però, que l'obra és escrita anterior al 2012 i que, per la temàtica que tracta, es poden començar a considerar alguns aspectes obsolets.

Figura 2. Llibre referent. Maker: the new industrial revolution.
Font: Chris Anderson

Exemples destacats que podem trobar en la publicació com els que fan referència a la democratització de la fabricació, ús a l'entorn més domèstic de les impressores 3D i la utilització de nous programes de disseny obert, poden permetre un nou paradigma a la indústria que alhora es pot entendre com una mena de nova revolució industrial que, fent comparativa a antigues revolucions industrials anteriors, hi ha molta necessitat a entendre cap a on anirà. Així doncs, molts productes es continuaran fabricant a gran escala i globalment, al pur estil fordista (El fordisme fa referència a la producció en cadena que va posar en marxa Henry Ford a la seva fàbrica d'automòbils a la dècada dels 30), però ara hi ha oportunitat de produir localment productes a les nostres pròpies cases amb una filosofia maker. L'autor analitza les conseqüències d'aquest nou paradigma a la societat industrial i com els nous models de negoci estan sorgint en aquest nou context. Com a obra predecessora, per la que potser l'autor és més conegut, tenim *The Long Tail: Why the Future of Business Is Selling Less of More* (Anderson, 2006). En aquesta publicació, l'autor analitza les societats i economies futures cap aquest context més digital, on s'entén que amb l'arribada d'internet, l'economia ja mai més serà la mateixa. Per tan, en tota l'obra es fan successives referencies al terme "*Long Tail*".

Mark Hatch és CEO fins el 2016 de Techshop (San Jose, California). Techshop és el primer, el més gran i popular FabLab del món, del que es van crear mes de deu Techshops semblants per tot Estats Units d'Amèrica fins a la dissolució de la companyia al 2017. Amb la publicació *The Maker moviment manifesto* (Hatch, 2014), l'autor vol profunditzar en el moviment *maker* i d'aquests espais, descrivint amb unes regles o directrius bàsiques per a la innovació per el nou món de dissenyadors, *hackers* i *thinkerers*. Aquestes directrius es descriuen sota aquests principis (pàgines 1-2):

• *Fer o fabricar* (make): Fabricar és fonamental pel què significa ésser humà. Hem de fabricar, crear i expressar-nos per sentir-nos complets. Hi ha quelcom d'únic en el fet de crear coses físiques. Aquestes coses són com petites parts de nosaltres i semblen encarnar trossos de les nostres ànimes.

- *Compartir* (share): Compartir amb els altres el què has fet i el què saps sobre fabricació és el mètode a través del qual un maker pot assolir un sentiment complet. No pots fer i no compartir.

- *Donar* (give): Hi ha poques coses més desinteressades i satisfactòries que donar alguna cosa que has creat. L'acte de fabricar posa una petita part de tu a l'objecte. Donar això a algú altre és com donar-li a l'altre una petita part de tu mateix. Aquestes coses sovint es converteixen en els objectes més preuats que tenim.

- *Aprendre* (learn): Has d'aprendre per fabricar. Sempre has de buscar aprendre més sobre allò que estàs fabricant. Pots esdevenir un artesà o un mestre, però seguiràs aprenent, voldràs aprendre, et motivaràs a tu mateix per aprendre noves tecnologies, materials i processos. Fer un camí d'aprenentatge continu assegura una vida fabricaire rica i gratificant i, el més important, ens capacita per a compartir.

- *Eines creixents* (Tool up): Has de tenir accés a les eines correctes pel projecte que tens entre mans. Invertir i desenvolupar l'accés local a les eines que necessites per a fabricar allò que vols. Les eines per fabricar mai han sigut tan econòmiques, ni fàcils de fer servir ni més potents.

- *Jugar* (play): Sigues curiós i juga amb allò que estàs fabricant i quedaràs sorprès, excitat i orgullós per allò que descobriràs.

- *Participar* (participate): Uneix-te al moviment i apropa't als que t'envolten i que estan descobrint el plaer de fabricar. Celebra seminaris, festes, events, maker days, fires, exposicions i sopars amb i pels makers de la teva comunitat.

- *Donar suport* (suport): Aquest és un moviment i requereix suport emocional, intel·lectual, financer, polític i institucional. Som la millor esperança per millorar el món i som responsables de crear un futur millor.

• *Canviar* (change): Uneix-te al canvi que es produirà de manera natural a mesura que avances en el teu procés maker. Des de que fabricar és fonamental pel que significa ésser humà, esdevindràs una versió més completa de tu mateix a mesura que fabriques.

Figura 3. Techshop amb Mark Hatch.
Font: Forbes

2.2 Què són els espais *maker*?

Existeixen diferents noms i acrònims sobre la cultura *maker* que caldria també detallar abans d'entrar en qüestions:

Diversos defineixen com a *maker* a la persona que utilitza aquests espais i recursos per crear, fabricar i construir un objecte físic per ús professional o per diversió. Normalment és una persona que té grans habilitats en programació, electrònica, disseny i informàtica.

Entenem per tant un *makerspace* com un espai de treball que agrupa una comunitat de persones que poden cooperar a través d'uns interessos comuns per poder fabricar o crear objectes.

També es coneixen com a FabLabs (acrònim amb anglès de *Fabrication Laboratory*) als tallers o fàbriques a petita escala que posen a disposició de la gent diferents eines de fabricació digital com la impressió 3D i el tall làser. Aquest nom i filosofia ve de la mà de Neil Gershenfeld descrita en la seva publicació *How to make (almost) anything* (Gershenfeld, 2005), del que actualment existeixen FabLabs arreu de ciutats del món com el FabLab del IAAC de Barcelona (Institute for Advanced Architecture of Catalonia, 2015) o el mateix FabLab del ESEIAAT de l'UPC. Al voltant d'aquesta cultura s'inicia la FabAcademy (Fab Academy, 2017) amb l'objectiu de formar a totes les iniciatives de noves FabLabs que es vulguin crear amb el model descrit a l'acadèmia i que atorgui el diploma de Fab després de sis mesos d'instrucció. El que està oferint bàsicament aquesta formació és entendre una nova manera d'apropar-se al coneixement en les eines tecnològiques d'una forma col·laborativa i oberta. Avui dia hi ha nombroses institucions d'arreu que han estat acreditades les seves competències desenvolupades pel FabAcademy. I és a partir d'aquí, on també apareix una comunitat que es fa dir FabLab Foundation (FabLab Foundation, n.d.) on es pretén aglutinar un directori de FabLabs del món banda de crear aquesta pròpia comunitat.

De fet, com apunta l'autor Eric Joseph Van Holm en la seva publicació What are Makerspaces, Hackersapces and FabLabs (Van Holm, 2015), el mot *makerspace* apareix publicat al 2005 a la revista *Make Magazine* on defineix aquests espais com uns entorns de co-working amb una extensió de l'espai cap a un entorn de producció més professional, més que de hobby, (al contrari dels Hackerspaces que estan focalitzat amb aquest entorn més de hobby de l'informàtica i l'electrònica). L'autor també utilitza molt encertadament l'acrònim MHFL (Makerspace – Hackerspace – FabLab) per descriure a l'espai de característiques comunes.

En l'article *Impact of the FabLab Ecosystem in the Sustainable Value Creation Process* (Osunyomi, Redlich, Buxbaum-Conradi, Moritz & Wulfsberg, 2016) es presenta el resulta de la recerca d'exploració de les eines i tècniques que s'utilitzen en els ecosistemes FabLab per assegurar la seva pròpia sostenibilitat, analitzar el patró de creixement dels FabLabs i finalment descobrir l'impacte socioeconòmic dels ecosistemes FabLabs a nivell mundial. El resultat ha estat que els FabLabs han estat productius fins a la data, tot i que manté certes limitacions que els fa passar per alguns obstacles per ser més eficaços i tenir noves iniciatives.

És tan el ressò que com apunta també l'autor Van Holm, a molta premsa d'Estats Units destacava la declaració del llavors president Obama, en la que el 17 de junt del 2014 va declarar el "*A day of making*" amb la intenció de mantenir una MakerFair anual a la Casa Blanca.

Cal esmentar que existeix una variant dels FabLabs que són els FabCafe. Els FabCafe son un lloc on els usuaris poden trobar i contractar serveis de recursos de la fabricació digital mentre estan en un entorn compartit de servei de cafeteria oberta també al públic. És un experiment d'espai que va començar al 2012 a la ciutat de Tòquio per posar a prova a usuaris en un cafè on es troben unes impressores 3D i unes màquines de tall làser i, tot creant una comunitat creativa, esbrinar el que es podia arribar fer amb aquestes eines. La diferència principal és que no forma part del model del FabAcademy i no existeix la pertinença obligada, és a dir, no cal pagar una quota concreta anual o mensual per utilitzar el serveis, sino que pot contractar individualment serveis qui vulgui i quan el consumidor ho necessiti. Just al 2016 Aki Kawana va presentar aquest model de FabCafe al Meeting anual Global Science Engangement (Kawana, 2016) per explicar com es feien les coses al Japó. Però és que aquest model de negoci ja ha animat a altres ciutats del món, apart de Tòquio, de les quals s'inclou Barcelona amb el seu FabCafè del MOB-Barcelona (Makers Of Barcelona) (Tham, 2002), de la mà de la Cecilia Tham.

2.3 Qui són els *maker*?

A mode global, la cultura *maker* es considera contemporània i està més o menys basada amb la cultura *do it yourself* (DIY a partir d'ara) o do it with others (DIWO a partir d'ara). DIY correspon al acrònim en anglès *do it yourself* i DIWO a *do it with others.*

Figura 4. MakerFair Barcelona 2018.
Font: 3dnatives.com

Realment, aquest moviment esdevé de la cultura *hacker*. Es pot entendre aquest fenomen tecnològic de la cultura *hacker* a la cultura *maker* com el fet de passar de la producció del bit a la producció de l'àtom, tal i com descriu molt encertadament l'autor (Dr. Manuel Martínez Torán (Universitat Politécnica de València), 2016) en la seva publicació de *Cuadernos de investigación en Juventud: ¿Por qué tienen tanta aceptación los espacios maker entre los jóvenes?*

Com també reflexionava l'autor Van Holm, qui descrivia al *maker* com un "constructor" d'impressió 3D, que fa peces a partir del que troba documentat en una guia on-line, però que també podria ser l'estereotip d'un co-worker que comparteix experiències a l'hora de dinar amb un altre co-worker que és programador informàtic i que està creant un nou servei web. Tal i com apuntava Dale Daugherty, co-fundadora de la *Maker Magazine: al final tots som makers en el nostre dia a dia.*

Els usuaris (*makers*, *fabbers* o *hackers*) d'aquesta cultura, generalment són consumidors de programaris de codi obert per a disseny de serveis o productes orientats a l'enginyeria, l'electrònica, la robòtica, l'impressió 3D, etc. A la vegada, també es creuen activitats predecessores a aquestes com l'art, la metal•lúrgia, la fusteria, etc., que tradicionalment ja enfocaven el desenvolupament dels seus prototipatges a la cultura DIY però amb altres recursos o tècniques com poden ser el control numèric (CNC), tall de xapa, mecanitzat fusta, pintats, etc. Doncs és en aquesta nova revolució industrial, creuada amb la tradicional industria de processos per a prototipatge, on es planteja la qüestió per aquesta recerca i on es vol sobretot emmarcar la recerca en aspectes socioeconòmics i de consum.

Val a dir, que alhora aquests espais i recursos estan penetrant en entorns educatius universitaris i no universitaris com un fort enfocament per l'ús i aprenentatge de les habilitats tecnològiques que disposa la cultura *maker* (educació en innovació tecnològica i social) qüestió que sembla tenir molt de sentit, per que la cultura maker no deixa de ser un cultiu de talent. Sense anar més lluny, a la ciutat de Rubí (Barcelona) s'ha creat en al Liceu Politècnic de Rubí el primer laboratori d'Europa dins del fenomen FabLab@School (Padilla, 2017). O el propi FabLab Terrassa (ESEIAAT - Universitat Politècnica de Catalunya), on s'ha creat com a laboratori de producció 3D amb l'objectiu d'impulsar la creativitat i l'emprenedoria entre els estudiants i la universitat per desenvolupar projectes propis.

Sense desentendre aquesta vessant educativa dels FabLab en entorns educatius, l'estat de la qüestió es vol emmarcar i focalitzar amb l'impacte que estan dibuixant els espais *maker* en aspectes més econòmics-socials per al disseny industrial i en concret, per la producció de prototipatge.

2.4. Ens trobem amb una democratització de la fabricació?

Prenen com a referència el propi títol del treball de final de carrera de Sandra Marcos, graduada en humanitats, *Els nous inventors: de la fàbrica a la sala d'estar* (Marcos Bonet, 2016), es pot entendre que la fabricació ha arribat a casa i que tothom es podrà fabricar el que vulgui sense haver de recorre a l'industrial per tal que l'hi subministri un producte en concret. El model productiu s'ha democratitzat i la cultura *maker* aposta per un model de fabricació personalitzada on ja no caldran les cadenes de distribució i logística. I finalment tot aquest model, és molt més sostenible.

De fet, en el *Maker Movement Manifesto* de Mark Hatch (Hatch, 2014) es descriu el moviment maker com un canvi de model productiu en el món. Hatch ho descriu sota el paraigües dels FabLabs, que no es ben bé portar la fàbrica a la sala d'estar, com s'ha comentat anteriorment, sinó que més aviat és una forma molt democràtica de portar la fàbrica a la ciutat (a través dels ateneus, universitats, espais de co-working, etc.) i en definitiva a tota la gent que forma aquesta societat.

Com s'ha esmentat al inici d'aquest capítol, Mark Hatch descriu els FabLabs amb unes directrius molt clares que es descriuen sota aquests titulars: Fer, compartir, donar, aprendre, equipar, jugar, participar, recolzar i canviar. En aquesta, dirigida a *makers*, dissenyadors i emprenedors, es mostra com qualsevol persona pot desenvolupar i crear productes, aportant canvis positius en la societat i obtenint alhora un benefici econòmic. Si més no, es planteja un nou model de negoci en la fabricació de productes que sembla que pot revolucionar la societat, i aquesta és justament la proposta de valor que defensen aquests autors.

No obstant, com també apuntava l'autor Van Holm, no existeix encara un directori o xarxa clara on trobar-se tots els usuaris MHFL, al qual sigui necessari registrar-se per compartir experiències i materials amb característiques sense ànim de lucre. Només han aparegut alguns portals web com hackerspace.org, makerspece.com o FabLab.io, que son directoris embrionaris de material on-line.

Fent una mirada més antropològica del futur de la fabricació, Joan Vinyets, doctor en antropologia i dissenyador industrial, analitza com la cocreació en la indústria tradicional pot ésser una palanca d'innovació basada en antecedents i experiències. Aquest paradigma ja ho va explicar fa anys en un article de la Revista d'Etnologia de Catalunya que titula justament: *Cocreació* (Vinyets, 2012). Vinyets proposa en un model de la producció industrial, un context i una praxis molt animada en els espais *maker* com és de la co-creació o el disseny col·laboratiu. En aquesta línia més antropològica proposada per innovar, potser no estan tan desalineats ambdós models de producció, el més tradicional i el més cosmopolita que podem trobar en un espai maker.

En la mateixa línia, el programa de divulgació científica El dia de demà: El Treball (Puigbo, 2017) de la CCMA (Corporació Catalana de Mitjans Audiovisual S.A. – Televisió de Catalunya) que esta dedicat en especial al treball del dia de demà, van pretendre ser especulatius amb el que succeirà al 2050. En aquest programa apuntaven els diferents experts (Simon Dolan (Doctor en recursos humans i expert en psicologia del treball), Sala Berebel (Doctora en psicologia social, especialista en polítiques d'igualtat d'oportunitats) i Vicent Borràs (Doctor en sociologia i llicenciat en ciències de l'educació), que en aquesta data succeirà una quarta revolució industrial, que tindrà forces conseqüències pels canvis tecnològics com la impressió 3D, la robòtica, la genètica, la intel·ligència artificial, etc., que alhora faran desaparèixer al món uns 7.000.000 llocs de treball, alhora que apareixeran nous oficis que remuntaran 2.000.000 de llocs de treball nous. La tendència és doncs la de generar tasques de treball menys avorrides, més creatives i més estimulants. Sense cap mena de dubte, alguns d'aquests canvis tecnològics estan succeint democràticament d'una forma encara embrionària en els makerspaces, de la mateixa forma que a la indústria més tradicional.

2.5 Quin és el futur de la producció de coses?

Venim d'un retruc d'una segona revolució industrial marcada per fets com la fabricació seriada al pur estil *fordista.* La tercera revolució industrial està passant per una democratització de la producció, on sembla que es planteja una indústria sense estocs i més sostenible.

Possiblement el futur de la indústria no està pensant amb un canal basat en els *makerspaces*, però segurament, algun impacte haurà de tenir, per que hi ha alguns aspectes que van molt alineats.

En els passat congressos sobre Industria 4.0 (Advances Factories Congress), es van detectant moltes tendències actuals i es veuen cap a on està encaminant el futur de la producció de productes. Ja es van denotar monogràfics destacables sobre la indústria basat amb el IoT (Internet of Thinks o Internet de les coses), però alhora convivències comunes a la tendència sobre la indústria i els espais *makers* com la revolució de la impressió 3D en tots els seus formats, robòtica, làser, CNC, etc.

Focalitzant amb la tècnica més utilitzada en els makersapaces, la impressió 3D, els autors de 3D *Printing disrupts manufacturing: How economies of one create new rules of competition* (Petrick & Simpson, 2013) entenen que la impressió 3D canvia el model de disseny també 3D, i que creix la interacció entre el disseny i la producció, ja que el dissenyador és el precursor de la producció durant el disseny CAD/CAM (CAM és un acrònim en anglès de Computer Aided Manufacturing. Disseny assistit per a la fabricació que permet configurar des d'una computadora les diferents estratègies de mecanització, robotització, trajectòries tall làser, etc., així com la impressió 3D). De fet, això és el que s'anomena DFM (Design For Manufacturing) que ara sembla que s'ha evidenciat més amb la impressió 3D i el model digital CAD que es fabricarà. Per a novells dissenyadors, molts d'ells estudiants d'enginyeria, és molt interessant poder fabricar un únic producte personalitzat amb un programa de CAD i que per la tècnica d'impressió de capes sigui suficient per resoldre'l.

Aquesta estratègia ha canviat notablement per que ja no han de pensar amb tècniques de fabricació d'extracció de material amb les restriccions de disseny basades amb els processos tradicionals.

Petrick i Simpson expliquen també que això no ve de nou. La impressió 3D fa dues dècades es denominava Rapid Prototyping, amb les seves diferents tecnologies. I finalment ha evolucionat l'argot cap a Additive Manufacturing, més utilitzat en la indústria, o 3D Printing com el coneixem més popularment. Destaca també que la tècnica d'impressió 3D és la més popular que es pot trobar en els FabLabs és la de fabricació additiva de capes de plàstic fos, majoritàriament de polímer ABS o polímer reciclat PLA.

Figura 5. Startup MakerBot 2009, l'inici de la impressió 3D domèstica.
Font: Makerbot

La revolució del Rapid Manufacturing va arribar sobretot de la tècnica de la estereolitografia (STL) que és una fabricació additiva molt més professional i tècnicament funcional, que permet crear peces a partir de la solidificació i difusió d'àtoms de pols polimèrica o metàl·lica (sinterització). En aquesta última tècnica hi ha un ventall molt més ampli de materials a utilitzar, però s'ha de considerar que la inversió en equips i infraestructura és possiblement deu vegades més cara que el cost d'una impressora 3D d'escriptori.

Tots aquests referents es plantegen com serà aquest nou panorama. Com afectarà en les fases de prototipatge de propostes de producte i/o serveis. Son conscients que jugaran un paper rellevant els projectes iniciats per emprenedors en els espais *maker* i la indústria de futur és també conscient que en aquests espais existeix un caldo de cultiu d'innovació. Com apunten alguns autors, els espais *maker* estan alineats amb els recursos que s'estan oferint i proposant a la nova indústria i aquest fet pot generar un impacte econòmic depenent de si existeix o no una rellevància entre ambdós contextos.

Cal esmentar que cada vegada més les empreses son proactives amb la gestió ambiental, i la consciència *maker* és una avantatge. Realment hi ha una creixent evidència que les empreses que adopten estratègies en la gestió ambiental, seran més eficients i competitives. En un article de l'Academy of Management, *Proactive corporate environmental management: A new industrial revolution* (Berry & Rondinelli, 1998) es planteja que aquesta pro activitat de la gestió ambiental passa per la nova revolució industrial. En un model digital i sense estocs és més fàcil transportar bits que àtoms i, per tant, es pot entendre com un model molt més sostenible.

3. Conclusió: La fàbrica digital atrau

Sense cap mena de dubte, la fabricació digital atrau. Es denota l'entusiasme dels estudiants en els escenaris de treball més digitals. El fet és que resulta molt satisfactori poder experimentar i materialitzar amb àtoms allò virtualment que prototipen en dades, a través d'un arxiu CAD construir una maqueta en impressió 3D, a través de programar un script d'Arduino que controli un robot DIY, després de dissenyar un contorn vectorial per ser traçat a làser i poder construir un packaging, etc.

Realment, tenir tastar aquestes opcions i eines que fa anys només estaven a disposició de la indústria més potent, és tot un luxe per l'estudiantat. D'aquesta forma, poder aproximar-se en l'època acadèmica a la fabrica digital comporta un aprenentatge més potent.

Val a dir que també existeix una contrapartida amb tota aquesta eufòria. No és molt sovint, però succeeix a les aules, que enamora menys els processos industrials tradicionals per materialitzar els seus projectes. En aquest sentit, segurament els docents hem d'estar atents a poder explicar totes les oportunitats industrials que existeixen, les més emergents i les encara utilitzades produccions tradicionals. Per que segurament, i així s'afirma a la indústria, molts dels processos tradicionals no estan obsolets i alguns continuen creixent. Per les oportunitats que ofereixen i per resoldre les limitacions que tenen les tecnologies emergents.

Referències

Anderson, C. (2006). *La economía Long Tail* (2009th ed.; E. Urbano, Ed.). Barcelona: Empresa Activa.

Anderson, C. (2012). *Makers: The New Industrial Revolution.* Random House, 00(00), 275. https://doi.org/10.1093/jdh/ept048

Berry, M. A., & Rondinelli, D. A. (1998). Proactive corporate environmental management: A new industrial revolution. *Academy of Management Perspectives*, 12(2), 38–50. https://doi.org/10.5465/AME.1998.650515

Fab Academy (2017). *Fab Academy.* Retrieved June 1, 2017, from http://fabacademy.org/

FabLab Foundation. (n.d.). *FabLabs.io.* Retrieved March 23, 2017, from https://www.fablabs.io/

Gershenfeld, N. A. (2005). *Fab: the coming revolution on your desktop--from personal computers to personal fabrication.* Basic Books.

Hatch, M. (2014). The Maker Movement Manifesto. *The Maker Movement Manifesto*, 1–31. https://doi.org/10.1162/INOV_a_00135

Institute for Advanced Architecture of Catalonia. (2015). *Fab Lab Barcelona.* Retrieved March 23, 2017, from Fablabbcn website: http://fablabbcn.org/

Kawana, A. (2016). *FabCafe: The Creative Innovation Network.* Retrieved from https://aaas.confex.com/aaas/2016/webprogram/Paper18564.html

Marcos Bonet, S. (2016). *Els nous inventors: De la fàbrica a la sala d'estar. Un estudi de la comunitat maker a través de quatre espais de la ciutat de Barcelona.* Retrieved from http://hdl.handle.net/10609/58065

Martínez Torán, M. (Universitat Politécnica de València). (2016). Por qué tienen tanta aceptación los espacios maker entre los jóvenes. *Cuadernos de Investigación En Juventud,* 1(2530–0091), 17.

Osunyomi, B. D., Redlich, T., Buxbaum-Conradi, S., Moritz, M., & Wulfsberg, J. P. (2016). *Impact of the Fablab Ecosystem in the Sustainable Value Creation Process.* Retrieved from https://papers.ssrn.com/sol3/papers.cfm?abstract_id=2733931

Padilla, B. (viaempresa). (2017). *Una escola en un laboratori.* Retrieved March 21, 2017, from viaempresa website: http://www.viaempresa.cat/ca/notices/2017/02/una-escola-en-un-laboratori-24096.php

Petrick, I. J., & Simpson, T. W. (2013). Point of View: 3D Printing Disrupts Manufacturing: How Economies of One Create New Rules of Competition. *Research-Technology Management,* 56(6), 12–16. https://doi.org/10.5437/08956308X5606193

Puigbo, J. (2017). *El dia de demà: El treball.* Retrieved June 8, 2017, from http://www.ccma.cat/tv3/alacarta/el-dia-de-dema/el-treball/video/5664488/

Scan, B. (2005). *How to make (almost) anything* | The Economist. Retrieved March 21, 2017, from The economist website: http://www.economist.com/node/4031304#print

Schwab, K. (2016). *The Fourth Industrial Revolution.* New York, New York, USA: Crown Business.

Tham, C. (2002). *Makers Of Barcelona.* Retrieved March 23, 2017, from mob-barcelona website: http://www.mob-barcelona.com/

Van Holm, E. J. (2015). What are Makerspaces, Hackerspaces, and Fab Labs? *SSRN Electronic Journal.* https://doi.org/10.2139/ssrn.2548211

Vinyets, J. (2012). Cocreació: La mirada antropològica: una palanca d'innovació. Antecedents i experiències en la seva praxi. *Revista d'etnologia de Catalunya,* 0(38), 66–75.

Impressió 3D: Quan en dèiem "Rapid prototyping"

Cesc Mestres-Domènech
ESEIAAT. Enginyeria de Projectes i de la Construcció (UPC)

ESEIAAT. Enginyeria Gràfica i de Disseny (UPC)

Jose Luis Lapaz Castillo
ESEIAAT. Enginyeria Gràfica i de Disseny (UPC)

Resum

En la següent publicació, d'una forma potser molt anecdòtica, es repassa la trajectòria històrica de la penetració de la fabricació additiva a la indústria i a la societat, fins a conèixer-la com a impressió 3D.
Alhora, es pretén descriure quins són les principals característiques que ajudaran a seleccionar aquests processos industrials per aportar valor a la fabricació de productes i altres elements, com poden ser equips, màquines, utillatges, etc. Però sense deixar de mencionar quines són les limitacions actuals que fan que la selecció d'aquestes tecnologies no siguin les més òptimes. I com a conclusió d'aquesta part, seguir aportant valor les tradicionals, però encara emergents, tecnologies tradicionals que cobreixen les mancances de la fabricació additiva.
Al final, s'afegeixen exemples de reptes de productes solucionats amb fabricació additiva metàl·lica (SLM) proposats als estudiants del Màster universitari en Estudis Avançats en Disseny-Barcelona).

Abstract

The following publication, perhaps in a very anecdotal way, reviews the historical trajectory of the penetration of additive manufacturing into industry and society, to the point of knowing it as 3D printing.
At the same time, the aim is to describe the main characteristics that will help to select these industrial processes to add value to the manufacture of products and other components, such as equipment, machines, tools, etc. But keep in mind the current limitations that make the selection of

these technologies, maybe does not the best way. And as a conclusion of this chapter, continue to add value to the traditional technologies, but still emerging, that cover the shortcomings of additive manufacturing. At the end, it will be able to discover examples of challenges of products solved with metal additive manufacturing (SLM) proposed to the students of the Master's Degree in Advanced Studies in Design-Barcelona) are added.

1. Quan en dèiem "Rapid prototyping"

Ens agrada començar amb aquesta reflexió sobre la qüestió que provoca aquest primer capítol, "quan en dèiem *rapid prototyping*". I és que en aquesta publicació: *From rapid prototyping to home fabrication: How 3D Printing is changing business model innovation* (Rayna & Striukova, 2016) es descriu molt bé l'evolució de denominacions de la impressió 3D, comunament denominada actualment, i que es pretén desplegar en aquest context històric que s'explica a continuació:

El *rapid prototyping* és una tecnologia basada amb l'estereolitografia (sinterització làser selectiva d'un polímer per capes) que apareix a finals de la dècada dels 80 i es converteix operativa a la indústria a principis de la dècada dels 90.

Si ens adonem, s'anomena prototip ràpid per que la finalitat no fou altre que reproduir d'una forma més o menys ràpida un prototip de producte en material polimèric previ a la sèrie, per avaluar-ho com a prototip abans de fabricació del medi de producció. Sovint, aquest medi de producció era un motllo d'injecció on amb el prototip ràpid es podia analitzar detalls de funcionalitat i estètica per anticipar-se a errors de producte i tots els sobre costos de futures modificacions que podrien ocasionar en el medi de producció. En aquest cas, el valor de la tecnologia recau molt directament sobre el disseny del producte.

Seguint el mateix sector, el de la injecció de plàstic i també el de la injecció metàl·lica, apareix una altre necessitat en la mateixa línia de prototipat on, el que interessa en aquest cas, és prototipar el propi motllo. Aquesta tecnologia apareix cap a finals de dècada dels 90 i consisteix en un similar procés tecnològic de sinterització metàl·lica que substitueix als processos laboriosos de mecanitzats per subtracció de material. En aquest cas, el valor de la tecnologia recau tan en el disseny de la peça que es fabricarà i també ofereix un valor afegit en l'utillatge per a fabricació (motllo). Aquesta tecnologia se la coneixia com a *rapidtooling*.

Però és a finals de la dècada dels anys 2000 quan els dissenyadors usuaris d'impressores 3D comencen a proposar utilitzar la fabricació additiva per a fabricació directe de producte. I aquest fet succeeix sobretot en el marc de la cultura *maker* i de la filosofia *Do it yourself* (DIY).

Però no ens enganyem, la indústria més tradicional, com la que poden oferir companyies com EOS (fabricants de maquinaria per a fabricació additiva), o l'emergent proposta d'HP amb la tecnologia *Multi Jet Fusion* d'impressió de "píxels 3D" basat amb la filosofia de les tradicionals impressores d'injecció de tinta 2D, ja estan proposant a dita indústria la fabricació directe de producte, evidentment encara a petita sèrie o peça molt exclusiva. I a on pren molta força aquesta fabricació de producte exclusiu, és en sectors com poden ser l'aeronàutica i salut. Utilitzant aquestes tecnologies exclusives de sinterització de peça metàl·lica amb metalls i geometries molt tècniques i interessants pel producte, que amb una altre procés de fabricació seria impossible resoldre a vegades.

D'aquesta nova onada de fabricació additiva també se la sol conèixer com *Direct Digital Manufacturing* (Fabricació digital directe). On el concepte consisteix en la fabricació del producte amb impressora 3D o tecnologia de fabricació additiva a partir de les dades digital (CAD), sense la necessitat d'utilitzar motlles o mecanitzats. En aquest cas, el valor de la tecnologia també recau amb força sobre la fabricació o producció del propi producte.

L´últim i més recent escenari és el que es coneix més popularment com la impressió 3D o *Home manufacturing* (la fabricació a casa). En aquest estadi el concepte ha canviat i molts consideren que la fabricació s'ha democratitzat, la fabricació d'objectes és més sostenible i d'una forma molt local i succeeix el fenomen de la personalització de producte on tothom pot dissenyar.

Aquesta forma de fabricar recau molt en la utilització de diferents repositoris a la xarxa (cloud) on cercar diferents geometries, que a vegades es poden personalitzar amb programes de disseny bàsic de codi obert, i que seran fabricades generalment amb impressores de filament de polímer o tallades amb diferents materials amb màquines de tall làser.

I com s'ha esmentat abans, aquest és un episodi de fabricació que apareix en aquest escenari de la cultura *maker*, en espais de fabricació digital com els FabLabs on coincideixen sobretot molts estudiants, joves emprenedors i alguns curiosos que comencen a tastar aquest mode de fabricació com un *hoby*. En aquest cas, el valor de la tecnologia recau també en la mode de distribució de producte, com mai s'havia vist en altres ocasions des de la primera revolució industrial.

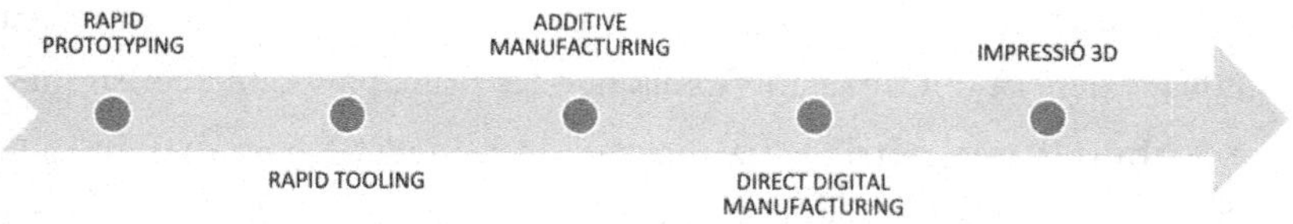

Figura 1. Nomenclatura històrica de la fabricació additiva

2. La tecnologia de fabricació additiva

Tal i com indica el seu mot, la fabricació additiva es tracte d'afegir material per a la construcció de models. Tradicionalment, la fabricació ha estat més subtractiva, que no pas additiva. I aquest fet, canvia notablement el paradigma de la fabricació.

Per aconseguir afegir material per a la fabricació, existeixen tres tecnologies bàsiques de fabricació additiva:

- **Estereolitografia**: Solidificació de capes de resina líquida continguda en un dipòsit (cubeta) a partir d'un làser de llum ultraviolat. Cal utilitzar post-processos de curat i neteja de geometries de suport.

- **Sinteritzat làser**: Sinteritzat localitzat a una cubeta de partícules de pols (polimèrica o metàl·lica) que es van fonen i/o difonen entre ella, solidificant cada capa la geometria desitjada. Sovint, cal utilitzar post-processos per millorar el seus acabats superficials. Com per exemple, un sorrejat i/o pintats.

- **Deposició de material**: Possiblement el procés més domèstic de les tecnologies de fabricació additiva. Tracte d'anar dipositant per capes material fos de polímer que es van distribuint per cada una d'aquestes capes en X/Y, avançant en Z per anar construint una figura tridimensional. Treballa com una CNC de 2 eixos i ½.

2.1. Característiques de la fabricació additiva

El nou paradigma, sobretot en repensar el disseny de producte, ha evolucionat gracies a entrar en joc un nou procés industrial. Però, quines són aquestes característiques que fan que el disseny per a la fabricació additiva canviï? A continuació s'expliquen les principals caracteerístiques:

- **Llibertat geomètrica**: La majoria de les tecnologies de fabricació additiva, sobretot la polimèrica no FDM, les limitacions geomètriques, per culpa de condicionants de mètodes de fabricació tradicional, no existeixen. Condicionants tipus: sortides de motllo, desmoldeig, correderes, etc. A més, les oportunitats de simulació, aporten molt en l'optimització d'aquestes geometries.

- **Personalització**: Permet la personalització de components. Alhora, no hem de "congelar" el disseny per la construcció de motllos i utillatges. congelació" del disseny de qualsevol component o conjunt. Permet iteracions de disseny en fases de prototipi i series curtes. Alhora, permet fabricar components descatalogats o antics.

• **No utillatges / motllos**: Molt relacionat amb la característica anterior, la no dependència a un utillatge o motllo, resulta molt més concurrent el disseny i la fabricació. Poden aportar millores de disseny o modificacions en etapes avançades de la fabricació de producte.

• **Fabricació d'assemblatges**: Respectant certs paràmetres de la fabricació additiva, s'obre una oportunitat de fabricació de components ja assemblats. En aquest sentit, el paradigma del disseny, canvia radicalment en la forma de pensar de la fabricació i muntatge tradicional.

• **Fabricació de series curtes**: Molt determinat per les limitacions de la fabricació additiva, fa que aquest sigui una opció molt vàlida per a prototipatge o fabricació de series curtes de components. Encaixa molt bé, on la inversió en motllos no té sentit per el volum de fabricació. Ajudant a la rapidesa i per tant a la innovació.

• **Sostenibilitat en la fabricació digital**: L'oportunitat de fabricar àtoms a partir de dades és molt sostenible. L'idea de poder dissenyar globalment i fabricar localment amb una impressora a l'altre punta del món, i amb la quantitat necessària (sense stock), ho fa encara molt més òptim.

2.2. Les limitacions de la fabricació additiva

Però s'ha d'estar alerta i ser alhora coneixedor que la tecnologia també té limitacions. A continuació s'esmenten les limitacions actuals:

• **Selecció de materials**: La fabricació additiva industrial més comuna, permet fabricar amb materials polimèrics (no tots) i alguns metàl·lics (acer, alumini i titani). Sent aquesta última tecnologia, els metàl·lics, un cost a 10 vegades superior que la fabricació tradicional d'arranc de viruta.

• **Dimensions de producte**: Les dimensions venen determinades per les capacitats (cubetes) dels equips de fabricació additiva. I aquestes solen ser limitades. Tot i que el mercat està oferint formats grans, la realitat és que els equips industrials que s'estan desplegant són limitats.

- **Fabricació seria i cost**: Actualment, la fabricació additiva s'acosta més a una fabricació per a prototipatge o series molt curtes. El cost de fabricació additiva és encara a dia d'avui molt superior, comparat a fabricacions en sèrie de injecció de plàstic i arranc de viruta.

- **Material de suport**: Per una de les solucions de fabricació additiva més populars, la que no es basa amb pols polimèrica, la utilització de material de suport normalment és obligatori per certes geometries. Pel cas de la metàl·lica, també són necessaris els suports. Tot i que existeixen solucions per a eliminació d'aquest, durant el disseny s'ha de preveure que existirà.

- **Toleràncies i acabats**: Depenent de les tecnologies, les toleràncies dimensionals i geomètriques no són tan precises com altres mètodes de fabricació tradicionals. Alhora, els acabats superficials venen determinats per la pròpia forma de la tecnologia utilitzada (rugositat)

- **Propietats mecàniques**: La forma que utilitzen certes tecnologies de fabricació additiva, fa que l'estructura del material fabricat no es resolgui per igual que en tradicionals mètodes de fabricació. En aquest sentit, s'haurà de caracteritzar cada material per a cada cas fabricat. Ja que sovint, són noves estructures que no estant documentades.

2.3. Literatura referència sobre fabricació additiva

Segurament la tecnologia avança més ràpid que la publicació de literatura sobre la fabricació additiva. No obstant, per conèixer i referenciar les afirmacions sobre característiques i limitacions anteriors, s'ha trobat essencial llistar una ressenya dels referents bibliogràfics més rellevants actualment, i dels que la majoria de portals dedicats a la fabricació additiva en destaquen:

• *Additive Manufacturing Technologies: 3D Printing, Rapid Prototyping, and Direct Digital Manufacturing* (Ian Gibson, 2015). Un dels millors referents sobre fabricació additiva on cercar un repàs tècnic, científic i rigorós sobre les diferents tecnologies.

• *Fabricated: The New World of 3D Printing* (Lipson & Kurman, 2013). Una publicació que endinsa més en l'impacte social i econòmic del model de fabricació additiva en el context de la quarta revolució industrial.

• *Laser Additive Manufacturing of High-Performance Materials* (Gu, 2015). Una publicació concreta de la tecnologia de fabricació additiva en metall.

• *Understanding Additive Manufacturing: Rapid Prototyping, Rapid Tooling, Rapid Manufacturing.* (Gebhardt, 2007). Una publicació antiga, però que explica totes les tecnologies de fabricació additiva.

• *3D Printing for Dummies* (Horne & Hausman, 2017). Abarca una explicació de l'optica del amateur i pel públic *maker*.

• *Mastering 3D Printing* (Horvath & Cameron, 2014). Enfocat únicament a la tecnologia FFF (*Fusion Filament Fabrication*).

• La Impresión 3D (Berchon, Luyt, & Rosney, 2016). Informació de tecnologies de fabricació 3D especialitzada per a públic *maker*.

• *Medical Modelling: The Application of Advanced Design and Rapid Prototyping Techniques in Medicine* (Bibb, Eggbeer, & Paterson, 2014). Tot i que no és una publicació exclusiva de fabricació additiva, si que és d'interès per a tota aquelles persones interessades en tecnologies de fabricació mèdiques.

3. MDB: Proposta de disseny basada en SLM

Enguany, en el marc de l'assignatura d'Investigació, desenvolupament i innovació en el disseny de productes (Màster universitari en Estudis Avançats en Disseny-Barcelona), s'ha proposat un repte de conceptualització de disseny basat en fabricació additiva metàl·lica amb la tecnologia SLM (*Selective Laser Melting*). Com s'esmentava anteriorment, aquests materials i processos són molt utilitzats en la indústria aeronàutica i salut. Per tan, en aquest treball es pretenia que els equips d'estudiants cerquessin noves oportunitats en altres sectors menys comuns, com podien ser els complements, joieria, esport, etc. L'èxit era resoldre un producte exclusiu i disruptiu per a un usuari selecte, que entengués el bon disseny, que l'hi interessés la tecnologia i que ho portés cap a la tendència. Extrapolar la solució atenta a altres tendències afins com teixits intel·ligents, teixits no teixits, electrònica impresa, IoT, geometria generativa, optimització topològica..., era un plus al treball.

Després de que els estudiants entenguessin i visualitzessin amb exemples les característiques, viabilitats i limitacions de la tecnologia, han

Figura 2. Llum per "outdoor" basada en geometria generativa.
Font: A.Amela, J.Conill

resolt propostes prou interesants que es volen mostrar a continuació, amb la intenció de que inspirin a més treballs en aquesta línia:

Figura 3. Joieria per a mascotes personalitzades i optimitzades tipològicament. Font: A.Capelan, M.Crespi, A.Uscana

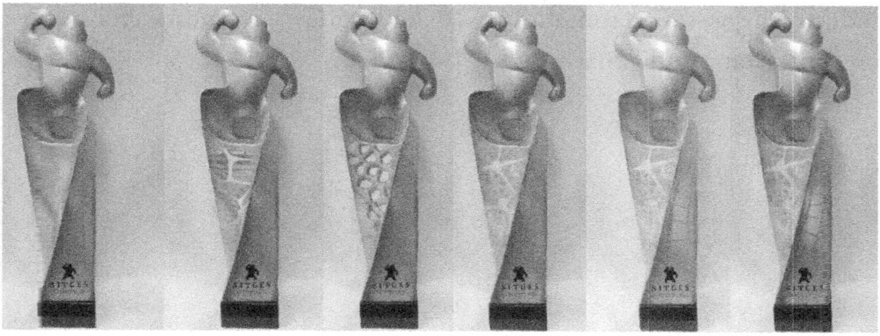

Figura 4. Trofeu de premis del festival de cinema fantàstic personalitzat al film. Font: G.Hernandez, R.Martí, I.Ramos

4. Conclusions

Com es reflexionava al principi d'aquesta publicació, potser s'han resolt alguns enigmes lingüístics sobre la nomenclatura de la fabricació additiva, i potser s'ha fet un repàs històric de la fabricació additiva aprofitant la trajectòria de noms que els hi hem anat posant, però analitzant en cada moment, quin és el seu valor tecnològic. Però el que si que és cert, és que aquesta tecnologia, que ara és tan popular i emergent en el context de la Indústria 4.0, ja fa forces anys que corre en el context industrial del nostre món i a més, sembla que s'ha democratitzat de tal manera, que sembla que aquest accés s'ha vist molt clarament en els estudiants d'enginyeria.

No obstant, s'ha de considerar que en aquesta democratització de la fabricació on tothom pot fabricar, potser no tothom pot dissenyar. Per que per dissenyar, s'han de tenir els coneixements sobre els processos de disseny per a la fabricació, apart de les habilitats instrumentals per a resoldre el producte a fabricar. I aquests coneixements, qui realment els tenen molt clars i controlats, son els actuals estudiants de disseny i enginyeria.

En conclusió, no ens podem permetre deixar passar volada a aquestes tecnologies en els estudis de disseny i enginyeria, de la mateixa manera, que no hem de deixar d'ensenyar altres tecnologies de fabricació industrial, que superen moltes de les limitacions que encara tenen força en el panorama industrial.

Referències

Berchon, M., Luyt, B., & Rosney, J. (2016). *La impresión 3D: Guía definitiva para makers, diseñadores, artistas y manitas en general.* Retrieved from http://cataleg.upc.edu/record=b1479402~S1*cat

Bibb, R., Eggbeer, D., & Paterson, A. (2014). *Medical modelling: the application of advanced design and rapid prototyping techniques in medicine.* Woodhead Publishing.

Gebhardt, A. (2007). *Rapid Prototyping–Rapid Tooling–Rapid Manufacturing.* Carl Hanser, München.

Gibson, I. (2015). *Additive manufacturing technologies 3D printing, rapid prototyping, and direct digital manufacturing.* Springer.

Gu, D. (2015). *Laser additive manufacturing of high-performance materials.* Springer.

Horne, R., & Hausman, K. K. (2017). *3D printing for dummies.* John Wiley & Sons.

Horvath, J., & Cameron, R. (2014). *Mastering 3D printing.* Springer.

Lipson, H., & Kurman, M. (2013). *Fabricated: The new world of 3D printing.* John Wiley & Sons.

Rayna, T., & Striukova, L. (2016). From rapid prototyping to home fabrication: How 3D printing is changing business model innovation. *Technological Forecasting and Social Change*, 102, 214–224. https://doi.org/10.1016/j.techfore.2015.07.023

Diseño de andamios paramétricos con porosidad variable e interconectada para ingeniería de tejidos óseos

Sergio Gómez González1,
EEBE. Enginyeria Gràfica i de Disseny

Daniela Vlad

Faculty of Medical Bioengineering, "Gr. T. Popa" University of Medicine and Pharmacy

José López López

EEBE. Física

Enrique Fernández Aguado4
ETSEIB. Ciència i Enginyeria dels Materials

Resumen

Se proponen nuevos métodos de diseño de andamios porosos a partir de la aplicación de software de libre uso Grasshopper© de Rhinoceros 3D con el objetivo de diseñar modelos con porosidad variable e interconectada semejante al tejido trabecular óseo. El presente estudio describe los procesos de creación paramétrico tridimensional de modelos porosos y su aptitud para rellenar la forma interna del macro defecto óseo adaptado a las necesidades específicas del paciente. El objetivo final perseguido es crear un modelo tridimensional (3D) mimético sustitutivo del tejido autólogo del paciente, que rellene la patología del macro defecto óseo y que pueda ser fabricado a partir de técnicas de Fabricación Aditiva con las propiedades mecánicas y fluídicas adecuadas para facilitar el soporte mecánico, la adhesión y el crecimiento celular. Para facilitar la adhesión celular se requiere maximizar la relación de superficie (BS) respecto del volumen total de tejido (BV) o volumen total (TV).

Abstract

The general objective of this project focuses on applying modularity to the hydrocarbon separators of the multinational ACO, specifically in its Spanish subsidiary. These warehouses have extraordinary dimensions and volumes that make them a logistical challenge. After suffering these inconveniences for years, the company requests an R&D project from the UPC that will allow the development of a viable solution for these products.

1. Introducción

El hueso es el segundo tejido más trasplantado en el mundo. En las últimas décadas los autoinjertos y los aloinjertos se han utilizado en la reparación ósea. Sin embargo, el dolor, la infección, el rechazo inmunológico y otras patologías asociadas provocan un interés cada vez mayor en el desarrollo de hueso artificial con microestructura mimética al hueso natural. El interés es notable como puede verse en el aumento exponencial del número de publicaciones dedicadas al diseño y fabricación de andamios óseos en Ingeniería de Tejidos en la última década (Bose et al., 2012).

Los recientes avances en el diseño y fabricación de andamios en Ingeniería de Tejidos óseos (BTE) han tratado de mejorar las propiedades mecánicas y las propiedades de flujo a su través. Alta resistencia específica, alta permeabilidad y una disposición porosa irregular con elevada relación BS/TV son las propiedades deseadas en el diseño de la próxima generación andamios en BTE (Hutmacher et al., 2007; Hollister, 2006). Las principales limitaciones en los diseños de los andamios actuales son la baja resistencia mecánica y la falta de suficiente vascularización. Por esta razón, los criterios generales para diseñar andamios deben incluir una geometría interna similar a la microestructura del hueso trabecular esponjoso, las propiedades del transporte de masa, las propiedades mecánicas y el propio biomaterial (Hutmacher et al., 2004). En el diseño tridimensional de la estructura se debe tener en cuenta el tamaño y la forma de los poros, las interconexiones, la separación trabecular (Tb.Sp) y el grosor trabecular (Tb.Th), no sólo por las propiedades mecánicas, sino también para facilitar la penetración de las células en el andamio, su adhesión y la facilidad al flujo de nutrientes a su través (Tabla 1). Las propiedades descritas para los andamios se deben mantener durante el proceso de la degradación del mismo hasta su completa sustitución por la nueva formación del tejido.

Hoy en día se utiliza software de Diseño Asistido por Ordenador (CAD) como CATIA© (*Dassult Systèmes*), Rhinoceros 3D© (*McNeel, USA*) o SolidWorks© (*Dassult Systèmes*) en el modelado de geometrías simples de andamios 3D a partir de la combinación de sólidos o primitivas estándar (cilindros, esferas, cubos, etc.) con operaciones booleanas de unión, resta e intersección. El empleo de operaciones de copia múltiple como matrices en 3D permiten definir estructuras porosas de repetición periódica (Figura 1A). Varios autores han creado una biblioteca paramétrica de estructuras regulares de andamios, conocido con el nombre de CASTS (Diseño de Andamios para Ingeniería de Tejidos), y están a disposición de la comunidad científica con el objeto de reducir el tiempo de diseño (Cheah et al., 2003).

Implicit Surface Modeling (ISM) es un nuevo enfoque en el diseño de andamios para Ingeniería de Tejidos a partir de su descripción matemática (Kapfer et al., 2011; Yoo, 2011). *Schwar's Diamond*, *Schoen's Gyroid* y otros, son algunos de los modelos porosos más utilizados en la fabricación de andamios. Los modelos son definidos con ecuaciones triples periódicas a partir de funciones trigonométricas implícitas (Schoen, 1970). Se caracterizan por poseer superficie mínima y tener un efecto positivo en la migración celular y el crecimiento de tejido (Olivares et al., 2009). En la Figura 1B se muestran algunos de los modelos ISM creados a partir de la definición de sus ecuaciones con la aplicación de uso libre *3DKSurf©* (Taha).

Biocompatibilidad	Capacidad para realizar su función en el tejido del huésped sin provocar cualquier respuesta inmune.
Biodegradabilidad	La velocidad de degradación del andamio debe coincidir con el crecimiento del nuevo tejido óseo durante su reemplazo.
Propiedades mecánicas	Resistencia mecánica suficiente para proporcionar un apoyo temporal y resistir las fuerzas de carga *in vivo*. Módulo elástico (300-500 MPa) y resistencia (5-10 MPa) semejantes al hueso trabecular.
Microarquitectura	Estructuras porosas interconectadas con el objeto de distribuir uniformemente las tensiones y facilitar el flujo de células y nutrientes. La microporosidad menor a 10 μm.
Osteoinductividad	Promover la fijación de células específicas y formadoras del tejido óseo.
Porosidad	Volumen y tamaño de los poros para permitir el crecimiento de tejido, la neovascularización, el transporte de masa y la osteogénesis. Es deseable una porosidad mayor del 75%. La macroporosidad de entre 200 y 400 micras para facilitar la unión de células sobre el tejido. La porosidad abierta e interconectada facilita la difusión de los nutrientes esenciales y oxígeno para la supervivencia celular.
Propiedades superficiales	Apropiadas propiedades topográficas y químicas para favorecer la adhesión, proliferación y diferenciación celular.

Tabla 1. Criterios y consideraciones funcionales para el diseño irregular de andamios porosos (IPS) utilizados en Ingeniería de Tejidos Óseos (BTS)

Space-Filling curves (SFC) es una reciente metodología de diseño utilizada en la construcción de andamios porosos con estructura repetitiva a partir de la micro extrusión de un filamento de polímero de pequeño diámetro. Estos métodos permiten fabricar un patrón repetitivo con distinta porosidad en diferentes regiones [11].

Actualmente aplicaciones de código abierto para *Grasshopper©* (Rhinoceros 3D©, *McNeel, USA*) como Crystallon permiten crear modelos de celosía interna con este fin (Figura 2).

Las nuevas herramientas de diseño asistido por ordenador, la tomografía computarizada (TC) y la micro-tomografía (µCT) pueden crear andamios biomiméticos con una estructura irregular idéntica al tejido trabecular óseo (Chen et al., 2007). Sin embargo, tal microestructura requiere de un equipo caro y, en la mayoría de los casos, no es necesario una reproducción tan detallada. En la Figura 3 se muestra la reconstrucción de hueso trabecular de la vértebra L3 humana (ESA29-99-L3) (Beller et al.), con una resolución de 37 m, 970 imágenes (2048 × 2048). La reconstrucción se ha realizado con ScanIP© y ScanFE© (Simpleware Ltd, Exeter, UK).

Figura 2. Diseño de andamios para Ingeniería de Tejidos Óseos (BTE) realizados con Crystallon, Grasshopper© (Rhinoceros 3D©, McNeel, USA)

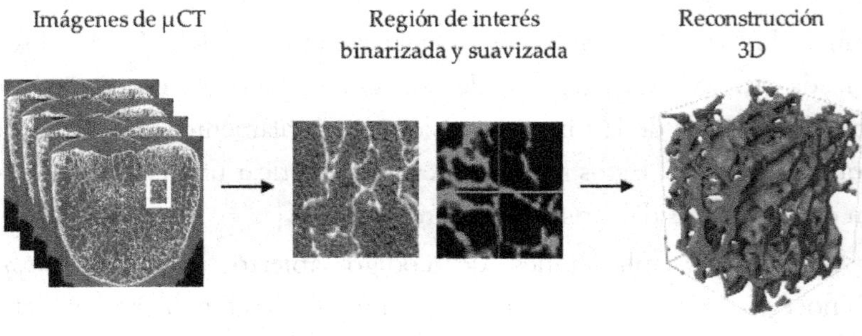

Figura 3. Ejemplo de reconstrucción ósea de una región de interés de vértebra L3 a partir de imágenes µCT (Gómez et al., 2016)

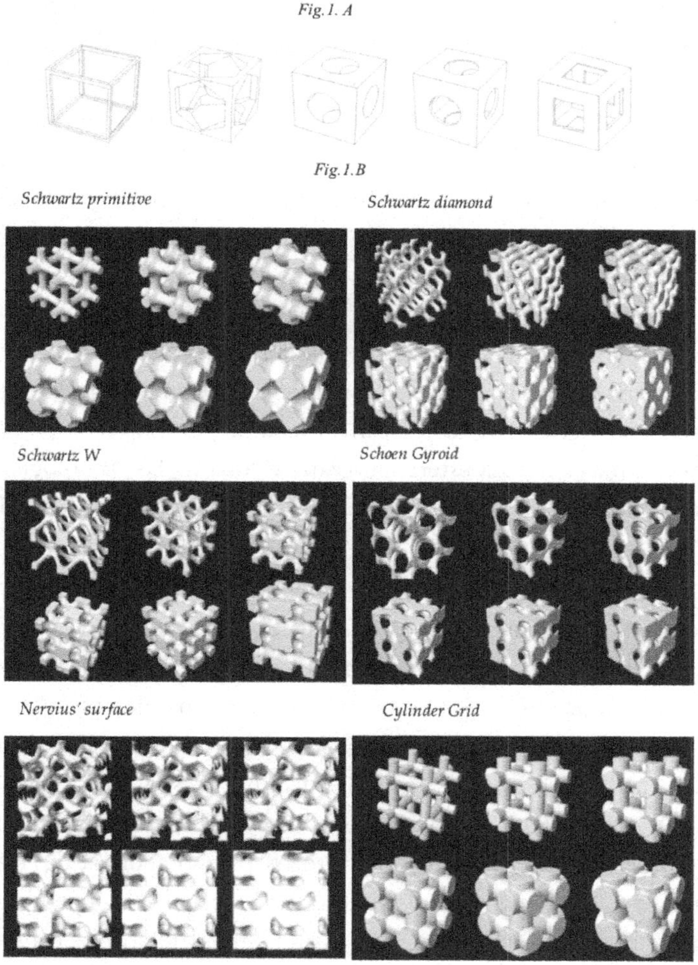

Figura 1. Diseño de andamios para Ingeniería de Tejidos Óseos (BTE). A. Diseño de modelos porosos simples a partir de geometrías primitivas a las que se les han aplicado determinadas operaciones booleanas. B. Implicit Surface Modeling (ISM): Schwartz primitive, Schoen Gyroid, Neovius's surface, Cylinder Grid, etc. de distinta porosidad (1-BV/TV) (Gómez et al., 2016)

Solid Free Form (SFF), también conocido con el nombre de Prototipado Rápido (RP), son nuevas técnicas de fabricación aditiva que permiten obtener estructuras porosas 3D irregulares e interconectadas a partir de modelos CAD tridimensionales. Con estas técnicas, los andamios pueden ser construidos a partir de diferentes técnicas de fabricación aditiva con material biocompatible y bioabsorbible. Los andamios se imprimen capa a capa a partir de la exportación de ficheros STL (STL, *Stereolitography files*). La impresión puede realizarse por distintos procedimientos: térmicos, químicos, mecánicos u ópticos. Algunos de ellos son: *Melt Extrusion* o modelado por deposición fundida (FDM), estereolitografía (SLA) y sinterización selectiva por láser (SLS). En general, las técnicas que utilizan procedimientos ópticos presentan resoluciones más altas. La estereolitografía es una de las tecnologías más antiguas y más precisas de las técnicas de fabricación aditiva (AM) (Ferry et al., 2012).

El hueso trabecular natural no presenta una distribución uniforme en su porosidad. En el núcleo, la porosidad es mayor que en la periferia donde la estructura ósea se presenta de forma más compacta. Además, la forma y distribución de las trabéculas y la forma del poro es muy importante en las propiedades mecánicas y en el transporte de masa (Mathieu et al., 2006). El hueso trabecular no presenta una estructura periódica o regular tal y como se intenta reproducir en la mayoría de las técnicas de modelado de andamios porosos para Ingeniería de Tejidos. La densidad y la forma de la estructura trabecular ósea depende de la tensión a la que están sometidos (Ley Wolf, 1869). Cuando las cargas son iguales en las tres direcciones principales, la estructura ósea tiende a presentar una estructura equiaxial. Cuando la carga principal se encuentra definida en una de las direcciones, la estructura ósea se adapta con el fin de minimizar las tensiones en esa dirección. La densidad relativa del hueso y la porosidad dependen de la magnitud de la distribución de cargas. Por esta razón, varios autores han utilizado el método de Voronoi para imitar la estructura irregular, la forma y la distribución de los poros y trabéculas en el tejido óseo. Así, se ha empleado el método de Voronoi para distribuir, de forma irregular poros con forma de esfera (Lal & Sun, 2004) y poros de forma irregular (Kou & Tan, 2010). En los modelos de Voronoi 2D y 3D creados por los autores la estructura porosa siempre mantiene una porosidad (1-BV/TV), un ancho trabecular (Tb.Sp) y una separación trabecular (Tb.Sp) constante.

En el presente estudio se propone un nuevo método de diseño de andamios porosos a partir de la aplicación de software de libre uso *Grasshopper©* (*Robert MCNELL&Associates*) con objeto de diseñar estructuras óseas con porosidad irregular e interconectada lo más parecidas posible a la real a partir de la creación de voxels localizados en puntos de nucleación y a partir de la creación de atractores. El presente estudio describe el proceso de diseño del modelo irregular de porosidad variable para diseñar la estructura 3D irregular con la forma externa del defecto adaptado a las necesidades específicas del paciente y la estimación de sus variables histomorfométricas más relevantes como la fracción en volumen (BV/TV) y las relaciones BS/TV y BS/BV.

2. Materiales y métodos

2.1. Diseño del andamio con porosidad variable por creación de Voxels

Se ha empleado *Grasshopper©* en el diseño de estructuras tridimensionales biomiméticas a partir de la distribución de puntos de nucleación en el espacio que definen los vóxeles finales del modelo poroso. Se pueden emplear distintos procedimientos en la definición de los puntos de nucleación. Uno de ellos genera los puntos de nucleación de los vóxeles a partir de puntos aleatorios mediante la función *Pop3D* de *Grasshopper©*. El procedimiento permite crear andamios con porosidad variable (1-BV/TV) y trabéculas interconectadas a partir de la definición de varios volúmenes interconectados con distinto número de puntos de nucleación (Figura 4A). La función *Proximity3D* localiza los puntos más cercanos a cada uno de los puntos generados y crea una línea de conexión entre ellos. Es posible definir el número de puntos cercanos de conexión que se desea crear. Así, se pueden crear conexiones múltiples entre ellos (1, 2…n). A medida que se definen mayor número de

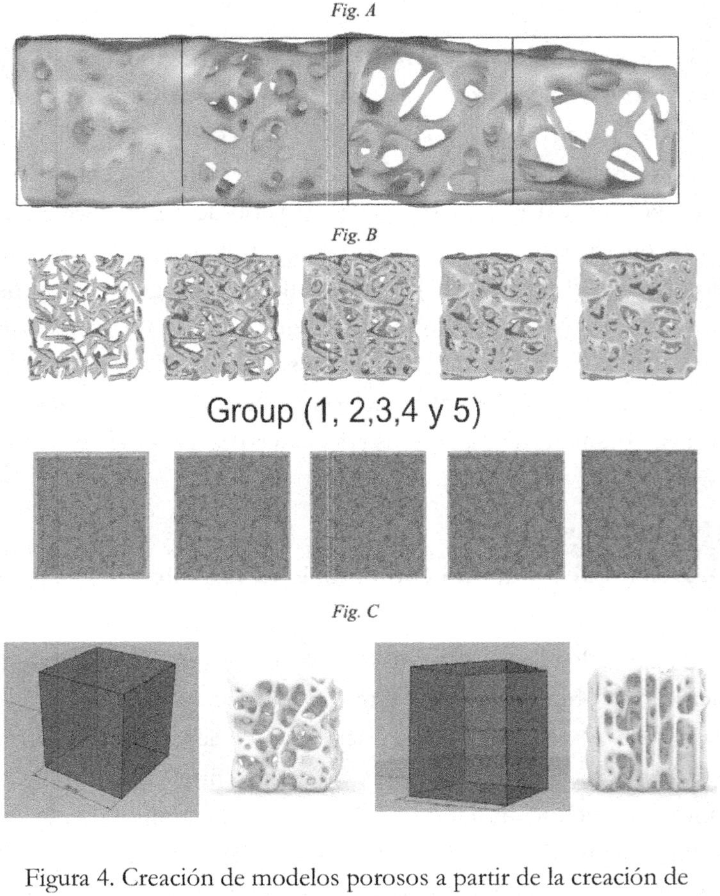

Figura 4. Creación de modelos porosos a partir de la creación de vóxeles. A. Modelo con porosidad variable. A. Localización y conexión entre puntos cercanos (Proximity3D). B. Creación de puntos no aleatorios en la definición de modelos porosos con estructuras de refuerzo en direcciones establecidas.

conexiones entre los puntos más compleja es la estructura final obtenida (Figura 4B). A continuación, mediante la función *Divide Length* se divide el segmento establecido entre cada uno de los puntos. La mayor división de los segmentos crea un mayor número de puntos en cada una de las líneas de división. Estos puntos creados por la división son los que, a partir de la función *Sample Voxel*, genera un vóxel en cada uno de ellos. *Build Isosurface* construye una isosuperficie 3D a partir de los vóxeles *(x,y,z)* recién creados. La isosuperficie representa un conjunto de niveles de una misma función continua. El suavizado final de la superficie obtenida se genera mediante la función *QuickSmooth*. La creación de modelos porosos siguiendo el procedimiento descrito crea estructuras más o menos isotrópicas. Para la definición de modelos con propiedades anisotrópicas para reforzar la rigidez de la estructura deben crearse una concentración de puntos en la dirección en la que se desea mejorar las propiedades (Figura 5B).

El algoritmo generado al ser paramétrico permite crear una familia de modelos distintos y calcular sus variables histomorfométricas más importantes: fracción en volumen (BV/TV) y las relaciones BS/TV y BS/BV. De esta forma es fácil definir los modelos que maximizan las relaciones deseadas.

2.2. Diseño del andamio con porosidad variable mediante Voronoi

El procedimiento de diseño de andamios a partir de celdas de Voronoi 3D permite definir una estructura con porosidad variable (1-BV/TV) en diferentes regiones volumétricas estando sus trabéculas perfectamente conectadas entre las distintas regiones.

En la Figura 6 se ilustra un ejemplo donde se presentan tres regiones con distinta porosidad. Puede observarse cómo las trabéculas, en las zonas en las que se produce el cambio de la porosidad, se encuentran perfectamente enlazadas garantizando la continuidad de estas. Para definir los modelos con porosidad variable es necesario crear diferentes volúmenes de interés (VOI) con distinto número de puntos de nucleación. Para cada una de las regiones también es posible regular la porosidad a partir de la definición del ancho trabecular (Tb.Th) y la separación trabecular (Tb.Sp). La creación del modelo 3D se realiza según el modelo de Gómez et al. (2016).

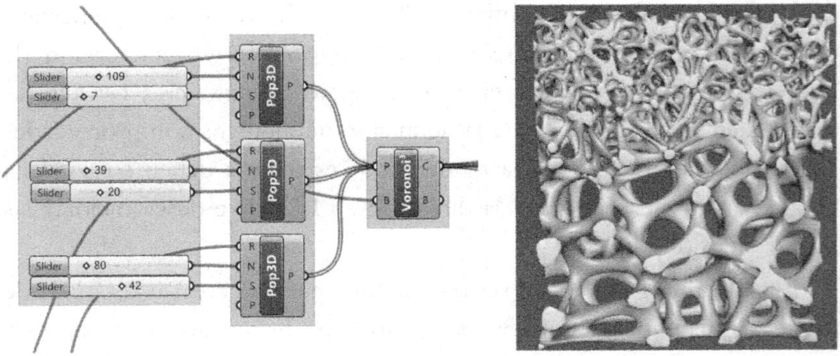

Figura 6. Creación de modelos porosos con porosidad variable e interconectada a partir de la creación de distintos volúmenes de interés con diferente número de puntos de nucleación (Gómez et al., 2016)

2.3. Diseño del andamio con porosidad variable con atractores

El procedimiento se indicia creando una estructura alámbrica que definen las trabéculas del modelo de andamio con la función *Lattice Cel Fill*. El patrón de la estructura también puede crearse de forma manual. Cada una de las líneas generadas son divididas por puntos cuya equidistancia varía a partir del punto atractor localizado en unas coordenadas previamente indicadas. La función *vPoints* crea un volumen a partir de los puntos definidos. Los puntos más cercanos al atractor tienen un diámetro distinto a los alejados según se define con un dominio (*Dom*) y un rango (*Range*). Para finalizar el modelo se emplea la función *Smooth Volume* que facilita el suavizado final y la función *Volume to Mesh* que crea la malla aproximada a la geometría del volumen definido (Figura 7A y 7B).

Figura 7A. Creación de modelos porosos con porosidad variable e interconectada a partir de la creación de un punto atractor y la función vPoint.

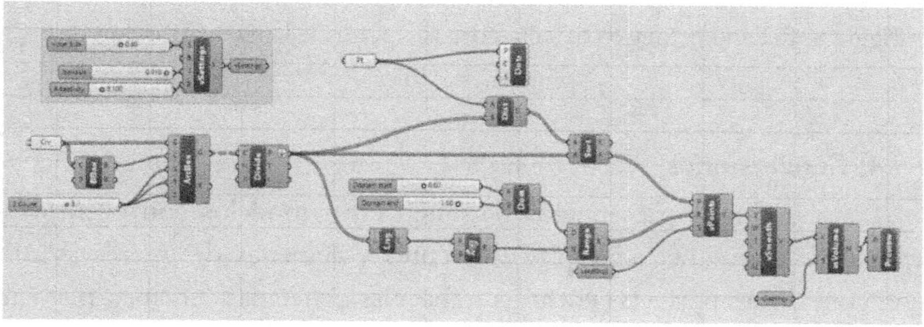

Figura 7B. Algoritmo para la creación de modelos porosos con porosidad variable e interconectada a partir de la creación de un punto atractor y la función vPoint.

2.4. Diseño del andamio adaptado al defecto a rellenar

Con el fin de utilizar los andamios porosos sintéticos como sustitutivo del tejido autólogo se requiere crearlos con las especificaciones microestructurales como BV/TV, Tb.Th y Tb.Sp del tejido a sustituir y con el volumen del defecto óseo. Los algoritmos definidos en los apartados 2.1, 2.2 y 2.3 permiten generar estructuras con porosidad variable que rellenan volúmenes previamente definidos. De esta forma y a partir de imágenes de tomografía (TC), microtomografía (microCT) o resonancia magnética (RM) del paciente puede obtenerse el volumen tridimensional del defecto a reemplazar y rellenarlo con el patrón con porosidad variable.

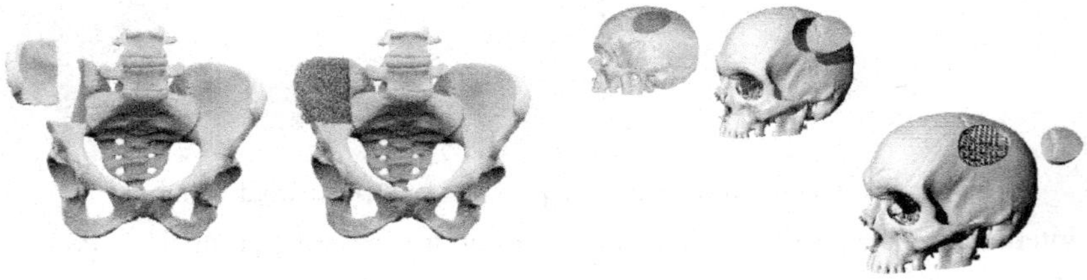

Figura 8. Relleno de macro defectos óseos a partir de la reconstrucción de las imágenes médicas

4. Conclusiones

Los algoritmos presentados permiten crear modelos con porosidad variable e interconectada entre diferentes volúmenes de interés (VOI) con conexiones perfectas entre las trabéculas generadas. Además, pueden rellenar cualquier volumen que represente un macro defecto óseo obtenido del propio paciente a partir de la reconstrucción previa de sus imágenes DICOM (CT, microCT o RMN). En el presente estudio no se ha realizado una validación de las propiedades mecánicas y fluídicas necesarias para confirmar su aptitud para el soporte mecánico, la adhesión y el crecimiento celular. Sin embargo, estudios previos confirman que los modelos son aptos y cumplen con los requerimientos. Las nuevas técnicas de fabricación aditivas (AM) pueden ser utilizadas para generar andamios a partir de la exportación de archivos STL (estereolitografía) de los modelos creados.

Referencias

3DKSurf, Abderrahman Taha (http://k3dsurf.sourceforge.net/).

Beller, G., Burkhart, M., Felsenberg, D., Gowin, W., Hege, H.C., Koller, B. Et al. (2005). *Vertebral Body Data Set ESA29-99-L3*. http://bone3d.zib.de/data/2005/ESA29-99-L3/

Bose, S., Roy, M., & Bandyopadhyay, A. (2012). Recent advances in bone tissue engineering scaffolds. *Trends in Biotechnology,* 30(10), 546–554.

Cheah, C.M., Chua, C.K., Leong, K.F., & Chua, S.W. (2003). Development of a Tissue Engineering Scaffold Structure Library for Rapid Prototyping. Part 1: Investigation and Classification. *Advanced Manufacturing Technology*, 21, 291–301.

Chen, Z., Su, Z., Ma, S., Xiaoling Wu, X., & Luo, Z. (2007). Biomimetic modeling and three-dimension reconstruction of the artificial bone. *Computer Methods and Programs in Biomedicine,* 88, 123–130.

Gómez, S., Vlad, M.D., López, J,. & Fernández, E. (2016). Design and properties of 3D scaffolds for bone tissue engineering. *Acta Biomater.*, 15(42), 341–350.

Hollister, S.J. (2006). Porous scaffold design for tissue engineering. *Nature Materials,* 2006, 518–524.

Hoque, M.E., Chuan, Y.L., & Pashby, I. (2012). Extrusion based rapid prototyping technique: An advanced platform for tissue engineering scaffold fabrication. *Biopolymers*, 97, 83–93.

Hutmacher, D.W., Schantz, J.T., Lam, C.X.F., Tan, K.C., & Lim, T.C. (2007). State of the art and future directions of scaffolf-based bone engineering from a biomaterials perspective. *J. Tissue Eng Regen Med.,* 1, 245–260.

Hutmacher, D.W., Sittinger, M., Risbud, M.V. (2004). Scaffold-based tissue engineering: rationale for computer-aided design and solid free-form fabrication. *Trends Biotechnol.*, Jul 22(7), 354–362.

Kapfer, S.C., Hyde, S.T., Mecke, K., Arns, C.H., & Schröder-Turk, G.E. (2011). Minimal surface scaffold designs for tissue engineering. *Biomaterials*, 29, 6875–6882.

Kou X.Y. & Tan, S.T. (2010). A simple and effective geometric representation for irregular porous structure modelling. *Computer-Aided Design.*, 42, 930–941.

Lal, P., & Sun, W. (2004). Computer modeling approach for microsphere-packed bone scaffold. *Computer-Aided Design.*, 36, 487—497.

Mathieu, L.M., Mueller, T.L., Bourban, P.E., Pioletti, D.P., Müller, R., & Månson, J-A. E. (2006). Architecture and properties of anisotropic polymer composite scaffolds for bone tissue engineering. *Biomaterials*, 27, 905–916.

Melchels, F. P.W., Feijen, J., Grijpma, D. W. (2012). A review on stereolithography and its applications in biomedical engineering. *Progress in Polymer Science*, 37, 1079–1104.

Olivares, A.L., Marsal, È., Planell, J.A., & Lacroix, D. (2009). Finite element study of scaffold architecture design and culture conditions for tissue engineering. *Biomaterials*, 30, 6142–6149.

Schoen, A.H. (1970). *Nasa Technical Note.* NASA-TN-D-5541.

Yoo, D-J. (2011). Computer-aided porous scaffold design for tissue engineering using triply periodic minimal surfaces. *International Journal of Precision Engineering and Manufacturing,* 12, 61–71.

Revisión sistemática y estudio empírico sobre el conocimiento matérico conducentes a la generación de nuevos métodos y material didáctico aptos para el aprendizaje

Bernat Faura López de Haro, José Luis Lapaz Castillo
ESEIAAT. Departament d'Enginyeria Gràfica i de Disseny (UPC)

Javier Peña Andrés
ELISAVA. Director General (UVic-UCC)

Resumen

Esta investigación se centra en analizar los retos y oportunidades del conocimiento Matérico en alumnos K5-K12, mediante un estudio del estado del arte. En primer lugar, se explica la problemática asociada al conocimiento de la Materia y los elementos de tabla periódica en la actualidad, al mismo tiempo que se analizan corrientes pedagógicos innovadores actuales con el fin de encontrar experiencias e investigaciones destacadas.
El objetivo es analizar qué se está haciendo, como, cuando y para quien mediante la revisión de artículos científicos a partir del 2011 (inclusive).

Abstract

This research focuses on analyzing the challenges and opportunities of Subject knowledge in K5-K12 students, through a study of the state of the art. In the first place, the problems associated with the knowledge of Matter and the elements of the periodic table at present are explained, at the same time that current innovative pedagogical currents are analyzed in order to find outstanding experiences and research.
The objective is to analyze what is being done, how, when and for whom by reviewing scientific articles from 2011 (inclusive).

1. Introducción

Existe una problemática y debate global respecto al modelo pedagógico actual y su adaptación a la realidad. El objetivo de esta investigación pretende focalizar y establecer los retos que rodean el conocimiento de la Materia en el público K-12[1].

La publicación *The Future of Materials Science and Materials Engineering Education* (NSF, 2009)[2] ya en 2009 proclamaba la necesidad de aproximar la ciencia de los materiales a la educación, como elemento fundamental para afrontar la compleja realidad multidisciplinaria y cambiante.

Con el objetivo de investigar la problemática presentada se analizarán movimientos pedagógicos innovadores a nivel global y los desafíos que éste presenta en el campo de la Materia. Está constatado que el uso de metodología según los movimientos pedagógicos multidisciplinares (STEM) fomentan la creatividad y la resolución de problemas complejos (Kim & Park, 2012).

Como indican la multitud de libros y documentación consultada, es un momento crucial en la historia de la pedagogía científica. Los autores (Claris & Riley, 2012) relatan la situación del contexto previo por el cual se ha establecido la importancia de generar un cambio global en el modelo pedagógico actual.

Las vocaciones tecnológicas están decreciendo en la actualidad y los retos que plantea el futuro no hacen más que aumentar, por lo que existe una clara disrupción y problemática que hay que afrontar. Aspectos como el aumento exponencial de la población del planeta, el fin de los recursos naturales y el aumento de la contaminación, requiere de la

[1] K-12 es una definición que popularmente se utiliza en Norte América para definir las edades educativas comprendidas entre el "Jardin de Infancia" y el "12º grado". En cada país tiene su propia legislación educativa, K-12 puede englobar desde los 4 años de edad hasta los 16. En el ámbito español equivale al segundo ciclo de Educación Infantil (3-5 años) y la enseñanza Primaria (6-11).

[2] NSF (National Science Foundation, https://www.nsf.gov/)

necesidad de profesionales capaces de asumir los retos que se encontraran las nuevas generaciones, como indican los autores (Gu & Belland, 2015) dónde destacan la importancia de cambiar el modelo pedagógico para adaptarlo a los nuevos retos.

Es por ese motivo, la necesidad de perfiles transversales y completos se percibe más importante que nunca. Aspectos que promueve, entre otros, el movimiento STEM, se han convertido en prioritarios para los estados de todo el mundo y de una relevancia vital, como lo muestran multitud de artículos centrados en su implementación en centros escolares con resultados de éxito demostrados tanto en educación secundaria como elemental (Asghar, Ellington, & Rice, 2012; Eğitimi et al., 2014).

Estamos en un momento histórico dentro de la filosofía pedagógica, dónde la complejidad y rapidez con la que avanza la tecnología, obliga a un modelo pedagógico más eficaz y flexible centrado en generar los profesionales capaces de solucionar problemáticas transversales y cambiantes de modo multidisciplinar y creativo. Tal y como se comenta en multitud de artículos como el de los autores (Jeong, González-Gómez, & Prieto, 2020; Nadelson & Seifert, 2017) relatan la importancia de adaptare a las nuevas tecnologías para poder asumir los retos de la integración científica en la pedagogía moderna.

La Materia puede resultar un concepto clave en el entorno complejo y transversal que se presenta, por lo que hay que actualizar el modelo pedagógico tomando atención en el peso que ésta tiene y transmitir los conocimientos competenciales de modo eficaz como indican los autores (Cao, Ma, & Yu, 2021), donde se relata la importancia que debe tomar el conocimiento de la materia en especial relativo a la energía y la química para reducir los problemas relativos a las energías de origen fósil actuales.

1.1. Contexto de la reflexión

Con el objetivo de llevar a cabo un plan piloto se contactó con diferentes centros escolares de la ciudad de Barcelona, que estuvieran interesados en incorporar metodología innovadora en el marco de la renovación pedagógica actual, centrados en la Materia.

El marco donde se realizará el trabajo de experimentación y recopilación de datos, será en la Escola Lurdes[3], un centro de educación primaria, referente de la ciudad de Barcelona fundada el año 1880 y con marcada innovación en el aspecto pedagógico como lo demuestra el proceso de interiorización diario que realiza en sus alumnos, referente y objeto de estudio pedagógico por otros centros.

Este proyecto se engloba en la metodología del aprendizaje por proyectos, que se está ejecutando cada vez en más centros y con resultados constatados y demostrados en multitud de artículos publicados en revistas de pedagogía.

Se realizará un plan piloto de una metodología innovadora i disruptiva para incorporar conocimiento matérico a alumnos k-12 mediante el aprendizaje por proyectos. Al mismo tiempo que se implementará y comunicarán los resultados mediante los artículos de la manera que detallaremos en los puntos de metodología que encontramos más adelante en el documento.

Imagen 1. Taller impartido dentro proyecto Materia para conocimiento del Átomo en Escola Lurdes.
Fuente: Escola Lurdes.

[3] Escola Lurdes. http://www.escolalurdes.cat/

1.2. Problemática

En primer lugar, se ha realizado un estudio del recorrido completo dentro el modelo educativo español, para tener una visión general y cronológica del contenido relativo a la Materia.

El objetivo es analizar todo el recorrido educativo, empezando por la educación primaria, la educación secundaria obligatoria (E.S.O.) y el bachillerato tecnológico, ya que es el más científico y por lo tanto el que más competencias relacionadas con la Materia tiene.

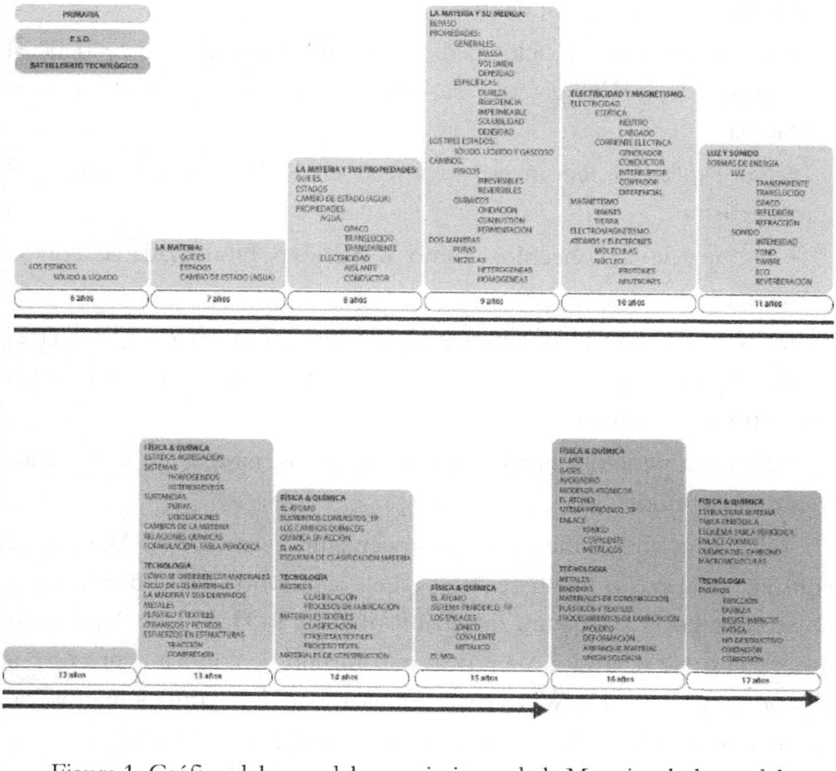

Figura 1. Gráfico del peso del conocimiento de la Materia a lo largo del sistema educativo. Fuente: Material propio

El motivo por el cual se ha realizado el estudio de todo el ciclo completo y no solo educación primaria, es visualizar el volumen y desarrollo para analizar la coherencia y progresión en todo el recorrido.

El objetivo no es centrarse en el temario concreto sino en el volumen como idea aproximada del peso académico.

Al analizar el contenido curricular oficial, se observa que el contenido relativo a la Materia tiene las características siguientes:

- Los contenidos son muy genéricos y no están relacionados entre sí, ni tienen orden concreto.
- No establece un ritmo de aprendizaje claro, ni ningún lenguaje para fundamentar los conocimientos.
- Pierde peso en el ciclo medio respecto al inicial. Eso se debe al concepto de la Energía que se describe sin relación alguna con la Materia.
- No explica el fenómeno intrínseco de la Materia que genera el magnetismo.
- No relaciona conceptos como reciclaje o biodegradable con la Materia.
- Aparecen conceptos complejos (oxidación, fermentación, etc.) en el ciclo superior sin relacionarlos con los motivos que los causan a nivel interno de la Materia.
- La tabla periódica aparece a los doce años, tarde y de forma muy teórica y memorizada.

Relativo a la transmisión de conocimiento relativo a la Materia, se constata que existe incoherencia ya que la mayoría de conocimientos impartidos en la asignatura tienen un modelo BOTTOM-UP, mientras que en la parte relativa a Materia la transmisión de conocimiento es por el contrario TOP-DOWN. Esto implica que los conocimientos no quedan bien estructurados ni arraigados por parte del alumno. Éste hecho explica como los adultos de la sociedad actual tienen los conceptos relacionados con la Materia totalmente difuminados y mezclados.

El peso que tiene la Materia en la educación primaria está mal planteada y es incoherente con el resto del temario impartido dentro de la asignatura de Ciencias de la Naturaleza.

Estos datos son una prueba del nivel con el cual los alumnos empiezan la educación secundaria obligatoria. En dicho ciclo las bases no han sido implantadas y por lo tanto el grado de entendimiento es mínimo.

Por otro lado, la forma como se trata el concepto de la Materia no es coherente con el nuevo modelo pedagógico de la novaescola21[4]. La Materia, principio presente en infinidad de elementos, objetos y problemáticas que nos rodean, no es de justicia que no tenga más peso y una estructuración eficaz competencial en el plan oficial. Hay que remarcar su relevancia y relación con temáticas tan importantes en el presente y futuro.

Una vez analizada la posición de la Materia, se intuye que el problema persistirá aunque el modelo pedagógico evolucione, si no hay voluntad de modificar y actualizar el temario y los contenidos impartidos. Se entiende que el problema es el CÓMO el QUÉ y el CUÁNDO.

1.3. Objetivos

El objetivo de la investigación se centrará en analizar detenidamente los aspectos siguientes:

- Analizar la problemática sobre el conocimiento matérico y en concreto de los elementos de la tabla periódica en los alumnos que salen de la educación obligatoria.

[4] Escolanova21 es una alianza que impulsa un proceso de trabajo conjunto entre escuelas, comunidad educativa, administraciones públicas, universidades e instituciones internacionales pera en un sistema educativo avanzado. http://www.escolanova21.cat

• Generar material didáctico que fundamente las competencias centradas en el conocimiento científico, en concreto de la Materia, y que al mismo tiempo sea multidisciplinar, mediante el espació del

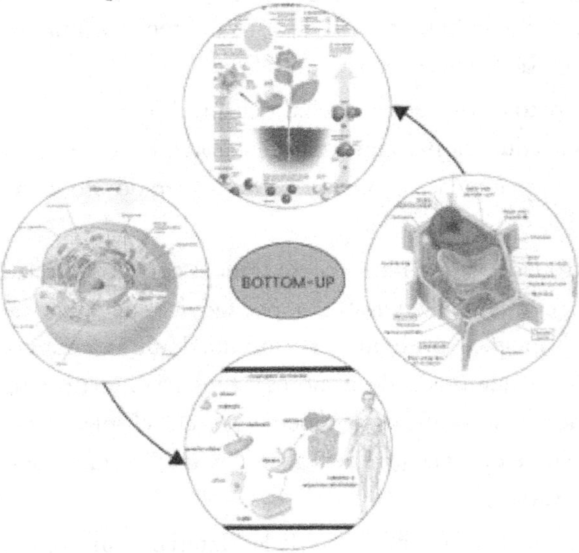

Figura 2. Modelo BOTTOM-UP, ejemplos.
Fuente: Material propio

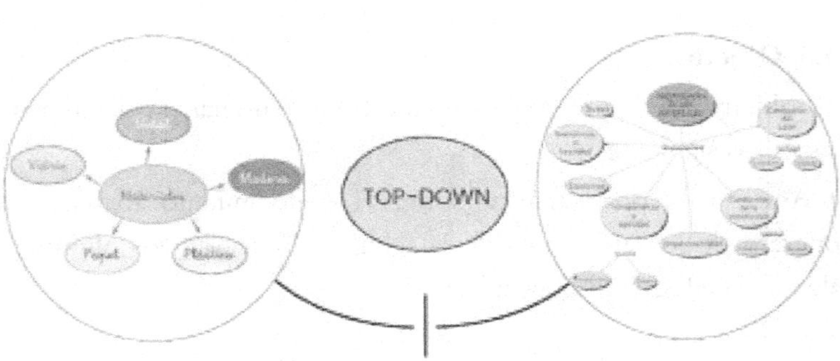

Figura 3. Modelo TOP-DOWN, transmisión Materia.
Fuente: Material propio

aprendizaje por proyectos, corriente al alza en las escuelas del territorio catalán, en alumnos k12.

• Comparar y verificar dicho material con expertos en implantación de conocimiento científico mediante métodos innovadores del panorama internacional.

• Validar y comprobar la mejora referente a conocimiento matérico y multidisciplinar, mediante la utilización de material didáctico centrado en entender y utilizar la Materia como nexo común de conocimiento interdisciplinar.

• Realizar un programa de implementación de la Materia en público K12, mediante actividades validadas, haciendo uso de metodología colaborativa y OPEN ACCESS[5], con el fin de compartir y ampliar el conocimiento de dicha materia con docentes de distintas disciplinas y localizaciones.

1.4. Pregunta inicial

Hacer una aproximación más acotada de las cuestiones de hipótesis antes mencionadas es básico para focalizar la investigación. La cuestión elegida para precisar la búsqueda puede ser la siguiente:

> *Fomentar el conocimiento Matérico en alumnos k-12 de manera multidisciplinar, acelera y estructura la comprensión y el conocimiento de los fenómenos físico y químicos y por lo tanto genera perfiles con mejores aptitudes científicas?*

1.5. Formato de la investigación

El formato de la tesis deberá resolverse por compendio de artículos de índice y calidad científica que detalla el programa de doctorado.

---

5 OPEN ACCESS, es el acceso inmediato, sin requerimientos de registro, suscripción o pago, es decir, sin restricciones.

Más adelante, en el apartado de metodología, se describirán las características que se quieren desarrollar en dichos artículos.

2. Metodología

Como se ha introducido anteriormente en el documento, la metodología para realizar esta investigación se realizará mediante compendio de artículos científicos, según las especificaciones del doctorado.

La tipología de artículos que se espera obtener son los siguientes:

2.1. Revisión sistemática

Figura 4. Proceso de revisión sistemática.

Fuente: Material propio

En el primer artículo realizaremos el estado del arte, mediante una revisión sistemática de la literatura relativa a la hipótesis planteada. Esta revisión sistemática está en desarrollo, por lo que ya podemos establecer los aspectos siguientes:

La revisión sistemática se realiza según los criterios de PRISMA, y sus especificaciones.

El primer aspecto relevante es que acotamos la búsqueda a las publicaciones realizadas desde el 2011 (inclusive), con la finalidad que todo el material revisado sea actual y coherente con las metodologías pedagógicas actuales.

Dado que el conocimiento Matérico como tal no aparece en ningún artículo relevante, definimos la estrategia de palabras clave siguiente:

Teaching periodic table, Chemistry education, k12, Teaching chemical elements. Estos son los conceptos utilizados mediante combinaciones de operadores booleanas (AND, OR, NOT) para focalizar que palabras aportaban más artículos relevantes para el estudio realizado.

Por otro lado, se decide prescindir de la palabra STEM, dado que al ser un corriente pedagógico metodológica de actualidad aportaba infinidad de artículos cuya relevancia para la investigación era mínima. Aunque se realizará una breve investigación relativa a la edad para incorporar conocimiento científico.

Para la revisión sistemática se han utilizado las bases de datos siguientes:

- ERIC (Education Resources Information Center), se centran en la investigación educativa y contienen más de 1500 revistas científicas entre ellas.
- ScienceDirect es una plataforma de texto completo de Elsevier (Scopus) para revistas y libros científicos y técnicos.
- Por último, se añadirán de forma manual algunos artículos relevantes encontrados en Google Scholar.

2.2. Trabajo de exploración

Mediante el plan piloto y la colaboración de los docentes de la Escola Lurdes, se realiza un proceso de inmersión que podemos decir que está en fase avanzada, en la cual estableceremos un modelo pedagógico fundamentado en el aprendizaje por proyectos en alumnos a partir de primero de primaria (6 años), con el objetivo que el modelo vaya incorporando conocimiento para así cubrir todo el ciclo de primaria (hasta los 12 años).

El objetivo de las actividades planteadas es entender la Materia como un código de la misma manera que lo son las letras en la escritura o las notas musicales en las partituras. De esa manera se ha decidido establecer las vocales de dio código y formar combinaciones entre ellas para que el alunado entienda las vinculaciones y relaciones entre ellas. Esta estrategia se fundamenta en la investigación realizada por el cotutor de la investigación, Javier Peña Andrés, los cuales ha publicado en una trilogía de libros (que se ampliará próximamente), cuyo nombre son: Elementos. Estos libros están referenciados en la bibliografía y resumidos los aspectos fundamentales que justifican la creación y estrategia de dicho código en los referentes bibliográficos de este documento.

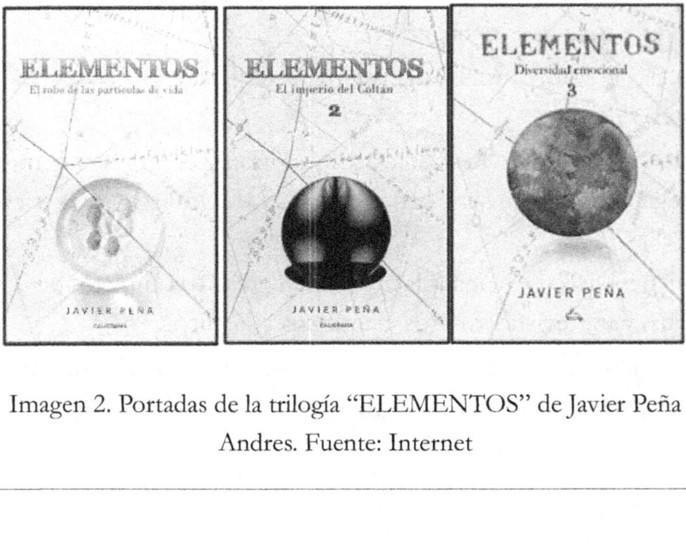

Imagen 2. Portadas de la trilogía "ELEMENTOS" de Javier Peña Andres. Fuente: Internet

Las "vocales" del código Matérico se han establecido en el orden siguiente:

- Carbono, el elemento de la vida.
- Oxígeno, el elemento de la respiración y la oxidación.
- Hidrógeno, el elemento de la energía
- El Hierro, el elemento que nos polariza.
- El Silicio, el elemento que nos comunica.

De este modo también formamos las primeras "palabras" o "sílabas" mediante el código Matérico tales como:

- CO2, dióxido de carbono, fundamental para entender aspectos como la fotosíntesis o el cambio climático.
- H2O, El agua,
- Los hidrocarburos (HC) comúnmente obtenidos del petróleo y de los cuales mediante la combustión o sinterización, obtenemos el combustible o bien el plástico convencional.

CH_3-CH_3	$CH_3-CH_2-CH_3$	$CH_3-CH_2-CH_2-CH_3$	$CH_3-CH_2-CH_2-CH_2-CH_3$
etano	propano	butano	pentano
$CH_3-CH_2-CH_2-CH_2-CH_2-CH_3$	$CH_3-CH_2-CH_2-CH_2-CH_2-CH_2-CH_3$	$CH_2=CH_2$	
hexano	heptano	etileno	

Figura 5. Modelos de Hidrocarburos. Fuente: Internet

La fase de exploración se encuentra en pleno desarrollo y mediante reuniones periódicas con el centro educativo vamos definiendo las actividades que tienen que definir y generar el conocimiento.

Imagen 3. Actividad realizada para explicar y entender el Carbono.
Fuente: Escola Lurdes

2.3. Construcción de un modelo de análisis

Mediante la realización de las actividades y las fichas para plasmar el conocimiento adquirido realizaremos el modelo de análisis el cual experimentaremos mediante el plan piloto.

Este plan piloto generará un material didáctico que será contrastado mediante metodología DELPHI[6] con 20 expertos a nivel internacional, de este modo podremos validar y ajustar el material generado para así implementarlo en el curso siguiente, mediante una mejora del experimento.

[6] Método Delphi, es una técnica de comunicación estructurada, desarrollada como un método sistemático e interactivo de predicción, que se basa en un grupo de expertos. Es una técnica prospectiva utilizada para obtener información esencialmente cuantitativa, pero relativamente precisa, acerca del futuro.

Este modelo y su validación mediante el método DELPHI generará el segundo artículo.

3. Conclusiones

El objetivo principal es reflejar todo el proceso de la investigación, el conocimiento y la evolución obtenida, al mismo tiempo que responder a la pregunta inicial.

Podemos concluir exponiendo el procedimiento esperado para la realización de la investigación mediante los puntos siguientes:

- Analizar el estado del arte relativo al conocimiento de la Materia en alumnos k12, mediante una revisión sistemática. Primer artículo.
- Definir un código de aproximación a la Materia.
- Investigar cuales son los elementos primarios y secundarios del código o método.
- Proyectar unas actividades formativas multidisciplinares dónde los alumnos puedan adquirir el conocimiento deseado de forma experimental y estructurada, mediante transmisión Bottom-Up.
- Contrastar dichas actividades mediante método DELPHI. Segundo Artículo.
- Implementar las mejoras en experimentos sucesivos que aporten datos cualitativos y cuantitativos.
- Avaluar y reflexionar sobre los resultados obtenidos.
- Implementar el sistema hasta que sea óptimo.
- Realizar la gestión estadística de los datos y propuesta de implementación del proyecto en otros centros mediante la estrategia OPEN ACCESS. Tercer artículo.

Referencias

Asghar, A., Ellington, R., & Rice, E. (2012). Supporting STEM education in secondary science contexts. *Interdisciplinary Journal of Problem-Based Learning*, 6(2). Retrieved from http://docs.lib.purdue.edu/ijpbl/vol6/iss2/4/

Cao, J., Ma, D., & Yu, S.-H. (2021). Future directions of material chemistry and energy chemistry. *Pure and Applied Chemistry*, 0(0). https://doi.org/10.1515/PAC-2020-1011

Claris, L., & Riley, D. (2012). Situation critical: critical theory and critical thinking in engineering education. *Engineering Studies*, 4(2), 101–120. https://doi.org/10.1080/19378629.2011.649920

Eğitimi, F., Öğretmeni, A., Yansımaları, E., Sencer Corlu, M., Capraro, R.M., & Capraro, M.M. (2014). Introducing STEM Education: Implications for Educating Our Teachers For the Age of Innovation. *Eğitim ve Bilim Education and Science Cilt*, 39(171). Retrieved from http://repository.bilkent.edu.tr/bitstream/handle/11693/13203/7283.pdf?sequence=1

Gu, J., & Belland, B.R. (2015). Preparing Students with 21st Century Skills: Integrating Scientific Knowledge, Skills, and Epistemic Beliefs in Middle School Science Curricula. *Emerging Technologies for STEAM Education*, 8(2015), 39–60. https://doi.org/10.1007/978-3-319-02573-5

Jeong, J.S., González-Gómez, D., & Prieto, F.Y. (2020). Sustainable and flipped stem education: Formative assessment online interface for observing pre-service teachers' performance and motivation. *Education Sciences*, 10(10), 1–14. https://doi.org/10.3390/educsci10100283

Kim, Y., & Park, N. (2012). The effect of STEAM education on elementary school student's creativity improvement. In *Communications in Computer and Information Science* (Vol. 339 CCIS, pp. 115–121). Springer, Berlin, Heidelberg. https://doi.org/10.1007/978-3-642-35264-5_16

Medina Gaite, V. (2017). Combinando El Método Científico Y El Trabajo Por Proyectos Para Alcanzar La Alfabetización Científica En Educación Infantil. Tabanque. *Revista Pedagógica*, 30(30), 53. https://doi.org/10.24197/trp.30.2017.53-74

Nadelson, L.S., & Seifert, A.L. (2017). Integrated STEM defined: Contexts, challenges, and the future. *Journal of Educational Research*. Routledge. https://doi.org/10.1080/00220671.2017.1289775

NSF. (2009). The Future of Materials Science and Materials Engineering Education. *Workshop on Materials Science and Materials Engineering Education*. https://doi.org/NSF-DMR 0826749

Peña Andrés, J. (2009). *Selección de materiales en el proceso de diseño: la naturaleza de la materia, plásticos, metales, cerámicas, compuestos, materiales adaptativos, fibra óptica y materiales para rapid manufacturing.* Ediciones CPG. Retrieved from https://www.google.es/search?q=seleccion+de+materiales+en+el+proceso+de+diseño+javier+peña+pdf&oq=seleccion+demateriales+en+el+proceso+de+&aqs=chrome.2.69i57j0l4.11279j0j4&sourceid=chrome&ie=UTF-8

Peña, J. (2018). *Elementos: El robo de las partículas de vida.*

Peña, J. (2019). *Elementos: El imperio del Coltán 2.*

Peña, J. (2020). *Elementos 3. Diversidad Emocional.*

Saxton, E., Burns, R., Holveck, S., Kelley, S., Prince, D., Rigelman, N. et al. (2014). A Common Measurement System for K-12 STEM education: Adopting an educational evaluation methodology that elevates theoretical foundations and systems thinking. *Studies in Educational Evaluation*, 40. https://doi.org/10.1016/j.stueduc.2013.11.005

Shavinina, L. (2013). *The Routledge International Handbook of Innovation Education.* Routledge. https://doi.org/doi:10.4324/9780203882993

Urban, M.J., & Falvo , D.A. (2016). *Improving K-12 STEM Education Outcomes through Technological Integration.* (M. J. Urban & D. A. Falvo, Eds.), IGI Global. IGI Global. https://doi.org/10.4018/978-1-4666-9616-7

Yakman, G. (2012). Exploring the Exemplary STEAM Education in the U.S. as a Practical Educational Framework for Korea. *J Korea Assoc. Sci. Edu*, 32(6), 1072–1086.

Rediseño y sostenibilidad de envases

Inés Ylla Gelabert
Muebles Ros

Hugo Escolà Gallo
Santander Erasmus

Miguel Ángel Sánchez Soto
ESEIAAT. Departament de Ciència i Enginyeria de Materials

Francisco Bermúdez Rodríguez
ESEIAAT. Departament d'Enginyeria Gràfica i de Disseny

Resumen

Conceptos como la biodegradabilidad, la reutilización y el reciclaje chocan frontalmente con gran parte de la producción de envases y packaging de los productos que encontramos en el mercado. Atendiendo a las nuevas directrices europeas y nacionales, las recientes modificaciones en la política de sostenibilidad de las firmas y a una mayor sensibilización por parte del público objetivo, son numerosas las marcas que ya han iniciado el proceso de sustitución de sus actuales materiales de packaging por otros que minimicen su impacto ambiental y, por tanto, varíen su huella ecológica.

Exponemos en estas páginas el proyecto realizado para una conocida marca del sector alimentario que, además de un rediseño de sus envases, ha requerido la realización de una exhaustiva investigación en las características y el comportamiento de los biopolímeros para adecuarse a las funciones propias de los envases rígidos.

Abstract

Concepts such as biodegradability, reuse and recycling collide head-on with a large part of the production of containers and packaging of the products that we find on the market. In accordance with the new European and national guidelines, the recent modifications in the sustainability policy of the firms and greater awareness on the part of the target audience, there are many brands that have already begun the process of replacing their current packaging materials with others. that minimize their environmental impact and, therefore, vary their ecological footprint.

We expose in these pages the project carried out for a well-known brand in the food sector that, in addition to a redesign of its packaging, has required an exhaustive investigation into the characteristics and behavior of biopolymers to adapt to the functions of the packaging rigid.

1. Introducción

La Ley Europea del Clima fija como objetivo principal establecer la Unión Europea como climáticamente neutra de aquí a 2050, reduciendo en 2030 al 55 % la emisión de gases de efecto invernadero respecto a los niveles de 1990, medidas calificadas como de extrema urgencia y recogidas como posición de la Unión Europea en la Conferencia de Naciones Unidas sobre el Cambio Climático (CP 26). Estas medidas instan a las partes al establecimiento de unos objetivos claramente ambiciosos y a un esfuerzo colectivo de adaptación, siendo ratificadas en octubre de 2021 por el Consejo Europeo (Council of the European Union, 2021).

Por otro lado, nuestra sociedad está cada vez más sensibilizada hacia el uso de envases constituidos por materiales reutilizables y/o reciclables aportando, desde hace años, una serie de conductas tendentes a la reciclabilidad doméstica de algunos materiales utilizados y al rechazo en la compra de otros carentes de estas características.

A nivel empresarial e industrial, son muchas las organizaciones que recogen el guante de esta actitud social y enfoque legislativo, estableciendo planes internos para el rediseño de sus envases y embalajes, reduciendo considerablemente el impacto ambiental y la emisión de estos gases.

2. Objetivos y briefing

Esta investigación y diseño se realizan para una conocida marca líder en el sector alimentario de producto en polvo y soluble, por ese motivo partimos de los objetivos fijados por la firma y los datos y características suministrados por la misma. El principal objetivo perseguido no es otro que la reducción del 50 % del plástico del envase actual, constituido por 4 piezas o componentes: cuerpo y tapa roscada (polipropileno, PP), sello pelable (papel y aluminio) y etiqueta (policloruro de vinilo, PVC). En cuanto a su fabricación, se realiza mediante extrusión-soplado para el cuerpo e inyección para la tapa. Se utilizan dos formatos de envase rígido en forma de cilindro con curvaturas, cuyas volumetrías son de 400 y 770 mg de producto en polvo, cumpliendo adecuadamente los parámetros biométricos que los dotan de viabilidad ergonómica, teniendo en cuenta que el público objetivo comprende todas las edades.

El resto de objetivos de nuestro proyecto, establecidos a partir del briefing, se concretan en:

- Nuevos envases en dos tamaños: 400 g y 1000 g, con fabricaciones de 15M de unidades y 7M de unidades, respectivamente, fácilmente reciclables.
- Envase innovador y de fácil “cucharabilidad”.
- La vida útil del envase se establece en 3 años.
- Desde el punto de vista estético, debe mejorar la sensación “ecológica” del cliente respecto al envase actual.
- Obligatoriedad de envases rígidos, con módulo de Young próximo a 1000 MPa.
- La deformación máxima no debe superar el 10%.

• Se prevé una fuerte inversión en nuevos procesos de obtención de envases.

• El área comunicacional del envase debe maximizarse (etiqueta).

• Estricto cumplimiento de la legislación en materia de seguridad alimentaria.

3. Metodología y fase de investigación

3.1. Metodología

Para alcanzar los objetivos perseguidos en este proyecto, se ha creído imprescindible el despliegue de varias herramientas metodológicas que, perfectamente secuenciadas o, a veces en paralelo, nos aporten luz y capacidad de decisión para el logro de resultados significativos en nuestro diseño. La metodología utilizada comprende:

• Análisis QFD (función de calidad) para la selección de materiales adecuados o su combinación, identificando diferentes requisitos establecidos y evaluarlos a partir de las características de cada material.

• Estudio ergonómico, centrándonos en la antropometría en relación al envase.

• Estudio de simulación mecánica, realizado con SolidWorks ® Simulations.

• Ciclo de vida del producto (obtención de materias primas y componentes, producción, distribución, uso y fin de vida) y análisis del ciclo de vida (ACV), definiendo el objetivo y el alcance (Goal and Scope Definition) así como la evaluación del impacto del ciclo de vida.

• Metodología de diseño Scamper, con la intención de afloramiento de la creatividad al diseñar.

3.2. Metodología

La fase de investigación se centró inicialmente, en un estudio exhaustivo de la marca, atendiendo a la historia de la empresa (desde los años 40 hasta la actualidad), sus diferentes productos puestos en el mercado, la publicidad realizada y, centrándonos en el packaging, analizando la evolución cronológica de los diferentes envases utilizados, desde la motivación primaria pasando por la forma, el material, los cierres, los procesos de fabricación y el etiquetado de envases.

Sobre el envase actual, punto de partida de nuestro estudio, se analizaron las condiciones físico-mecánicas, el tipo de contenedor, el factor de estiba, los factores antropométricos, los materiales constituyentes, la normativa aplicable y el etiquetado, así como las características mercadológicas, el ciclo de vida y la huella ecológica.

3.3. Estudio de materiales

Para el análisis y selección de los posibles materiales, se realizó una exhaustiva inmersión en el apartado normativo, teniendo en cuenta las directrices que se concretan para el sector alimentario. Para ello, se recogieron y tuvieron en cuenta todos los aspectos significativos de las normas UNE, ISO, DIN y ASTM, además del Reglamento UE 10/2011 (Comisión Europea, 2011), el Real Decreto 846/2011 (Ministerio de Sanidad, 2011), el Real Decreto 397/1990 (Ministerio de Relaciones con las Cortes y de la Secretaría del Gobierno, 1990) y el Reglamento 852/2004(Parlamento Europeo y Consejo, 2004). Así mismo se tuvieron en cuenta los pormenores del etiquetado ecológico y su normativa, tal como nos ilustran Gala y Fullana (2016) y las normas UNE-EN ISO 14020:2002 (AENOR, 2002) , UNE-EN 14024:2018 (AENOR, 2018), UNE-EN ISO 14021:2017 (AENOR, 2017) y UNE-EN 13432:2001 (AENOR, 2001). Por último, en este proyecto también se integran las normas más recientes de etiquetados, cuyas características se definen en el Real Decreto 1334/1999 y consultables en la Agencia Española de Seguridad Alimentaria y Nutrición (AECOSAN, 2014), así como el Reglamento 1169/2011 sobre la información alimentaria facilitada al consumidor (Parlamento Europeo, 2011).

Hasta el momento la firma ha utilizado, a lo largo de los años, una nutrida gama de materiales para el packaging de producto, a saber: hojalata, vidrio, cartón, celulosa, almidón (mezclado con polipropileno, fibras naturales, agua y un premix, según los casos), cartón ecológico y fibras compactadas de diferentes orígenes.

Bajo la tendencia de "diseñar para reciclar", atendiendo a aspectos básicos de sostenibilidad, donde se hace preceptivo minimizar la mezcla de materiales, optimizándolo en envases monomaterial o, en su defecto y gracias a sus diferentes densidades y características, sean fácilmente separables al final de su ciclo de vida. Sus posibilidades de biodegradación y/o compostabilidad, la reducción en material (espesor), el color, los sellos y "liners", el etiquetado, los cierres, su reutilización y transporte, son aspectos muy importantes tenidos en cuenta para nuestro rediseño.

4. Fase de conceptualización

4.1. Selección de materiales

A la hora de seleccionar el material, se han tenido en cuenta las siguientes características para su producción y puesta en servicio:

- Rigidez
- No frágil
- Deformación máxima del 10%
- Bajo peso (transporte)
- Aspecto de sostenibilidad
- Opacidad adecuada
- Tintado e impresión directa

- Insensible a la suciedad
- Compostable o biodegradable
- Fácilmente reciclable
- Bajo coste de reciclabilidad
- Barrera efectiva ante agentes externos
- Impermeable
- Vida útil de 2-3 años
- Sin interacción al contacto alimentario
- Alta disponibilidad

Figura 1. Alternativas de materiales para el QFD.
Fuente: elaboración propia

A partir de estos materiales y de las características deseadas, se procedió a la valoración de los mismos, obteniendo la siguiente tabla de ponderación (Tabla 1).

Por último, se concretó una gráfica de contraste entre la puntuación asignada a cada material en razón de calidad y en razón al coste respecto al actual (Figura 2).

Obviamente, nos interesan los materiales con mejor puntuación en calidad y menor coste o similar al actual (PP), como son la hojalata, el cartón Kraft + PLA y el PE + cáscara de cacao. Éste último se desestima por la dificultad de separación de las cáscaras de cacao en su reciclaje. El que presenta mayor puntuación en calidad es el PLA + PBAT (Ecovio®), pero también el mayor coste. Este material queda preseleccionado, junto al cartón Kraft + PLA, por decisión empresarial.

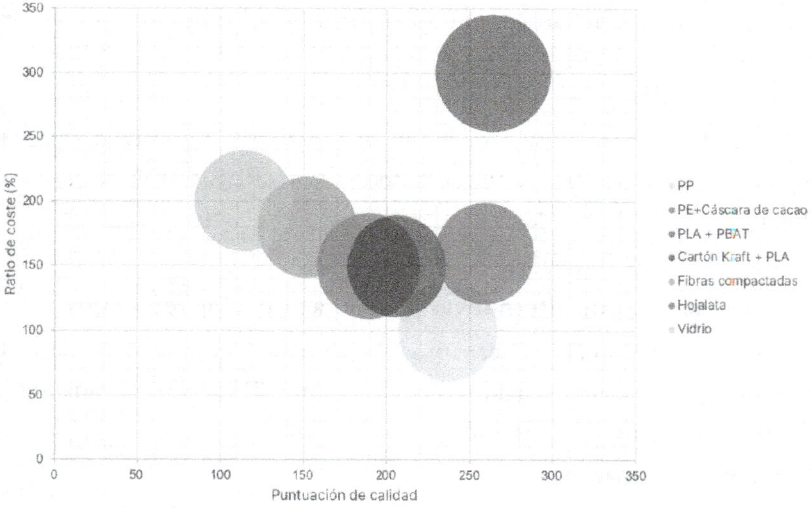

Figura 2. Análisis de alternativas de materiales QFD.
Fuente: elaboración propia

Requerimientos del cliente	Importancia (1 - 5)	PP A	PE+Cáscara de cacao B	PLA + PBAT C	Cartón Kraft + PLA D	Fibras compactadas E	Hojalata F	Vidrio G
Sea rígido	5	4	4	4	3	3	4	5
No sea frágil	5	5	4	5	4	3	5	1
Tenga una deformación máxima de 10%	2	4	3	4	4	2	2	1
Tenga un peso bajo (transporte)	3	4	3	4	3	3	3	1
Tenga un aspecto sostenible	4	2	4	3	5	5	3	4
Permita tener una opacidad adecuada	1	4	3	2	5	4	5	2
Permita tintado directo	3	5	5	5	5	4	5	4
Permita impresión directa	1	3	4	5	5	3	5	1
No sea sensible a la suciedad	1	5	4	5	2	1	5	5
Sea compostable o biodegradable	4	1	3	4	4	4	1	1
Facilidad de reciclabilidad	5	5	2	1	2	3	4	3
Tenga un bajo coste de reciclabilidad (Puntverd)	3	1	2	1	5	1	4	1
Sea una barrera contra agentes externos (Humedad, oxígeno, olores, migraciones, luz)	5	4	3	4	2	1	4	5
Sea impermeable	3	5	3	5	2	1	5	5
Soporte una vida útil de entre 2/3 años	5	4	3	4	3	1	5	5
Permita el contacto alimentario	5	5	2	5	5	1	5	5
Disponibilidad elevada	5	5	3	4	4	1	5	5
Puntuación de calidad		237	189	264	206	152	259	114
Ratio de coste (%)		100	150	300	150	180	130	200

Tabla 1. Tabla de QFD. Fuente: elaboración propia

4.2. Ideación

Para este proceso se utilizaron dos técnicas tradicionales de la metodología del diseño, como el método SCAMPER y la lluvia de ideas (Figura 3).

4.3. Selección de alternativas y adecuación a los requisitos

Se seleccionaron las 3 alternativas de la figura 4, cumpliendo con cada uno de los requisitos exigidos en el briefing. Para ello, se añadieron algunos análisis desde diferentes puntos de vista:

- Forma y almacenaje
- Tapa y cierre
- Sello de garantía y otros
- Materiales y fabricabilidad
- Condiciones físicas

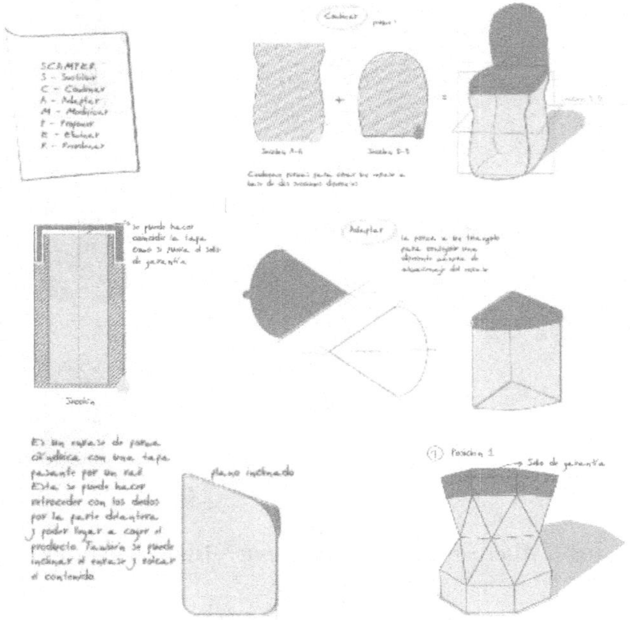

Figura 3. Scamper + lluvia de ideas. Fuente: elaboración propia

- Ciclo de vida del envase
- Diseño de la etiqueta
- Normativa iconográfica del envase
- Estudio y análisis ergonómico
- Renderización y prototipado
- Simulación mecánica (Von Mises, deformaciones unitarias, análisis de desplazamientos y factor de seguridad)

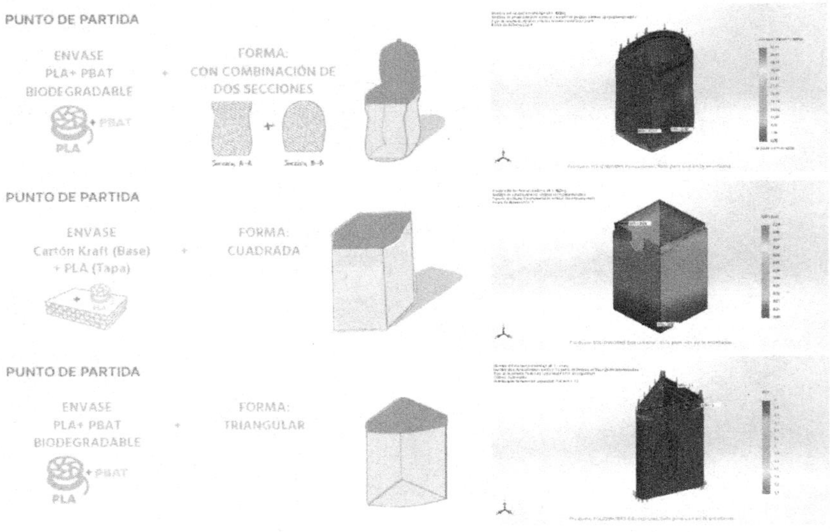

Figura 4. Alternativas y análisis. Fuente: elaboración propia

4.4. Análisis económico

Para el análisis de coste de cada alternativa se tuvieron en cuenta los precios del material de la base, la tapa el sello de garantía, el etiquetado y las tasas de reciclaje, además de los costes de moldes, doblado (alternativa 2), producción, ensamblaje y horas de montaje. Los costes totales de cada envase según alternativa, antes de impuestos son:

- Alternativa 1 (PLA + PBAT): 0,42€
- Alternativa 2 (Cartón Kraft + PLA): 0,37€
- Alternativa 3 (PLA + PBAT): 0,53€
- Envase actual (PP): 0,29€

4.5. Comparativa de alternativas

Por último, hemos creído conveniente exponer gráficamente la adecuación de cada una de las alternativas y del envase actual respecto a conceptos como funcionalidad, transporte, estética, producción, coste y sostenibilidad, obteniendo un análisis más visual de los envases propuestos (Figura 5).

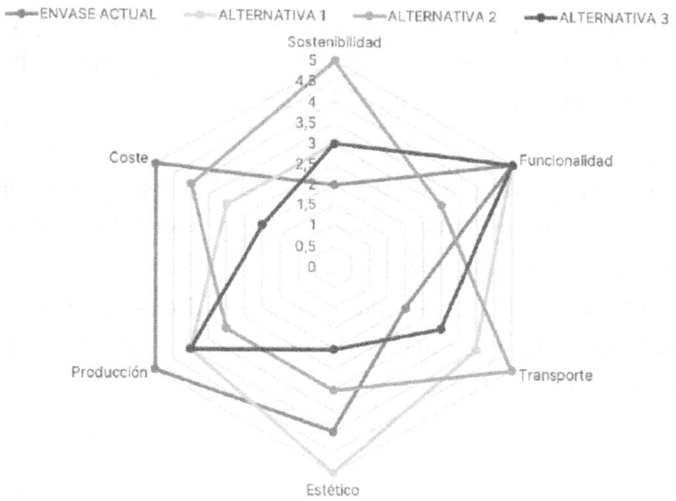

Figura 5. Comparativa de alternativas. Fuente: elaboración propia

5. Conclusiones

La concienciación social y de las propias empresas de packaging están consiguiendo, conjuntamente con el cuerpo legislativo, la modificación de conductas hacia la producción y utilización de envases más sostenibles.

No hemos tenido en cuenta únicamente el cambio de un material por otro, sino que el ojo crítico también se ha desviado hacia el ciclo de vida del envase y su posterior tratamiento una vez ha caducado su primera utilidad.

Se proponen tres alternativas de diseño, estudiadas desde puntos de vista dispares y con una visión holística del mismo, atendiendo a factores funcionales, medioambientales, geométricos, estéticos, productivos y económicos, dando cuenta del briefing de proyecto y cumpliendo las necesidades sectoriales.

Las alternativas 1 y 3 tienen como base la utilización del PLA + PBAT, complementándose y mejorando las características finales, aportando el último grandes rasgos de flexibilidad.

La segunda alternativa nos aporta, además de los requisitos genéricos, la superación de un punto crítico: el transporte, maximizando la cantidad de unidades en la paletización de la estiba.

En definitiva, se ofrecen 3 alternativas de diseño perfectamente válidas que cubran las necesidades de producción y sean atractivas y funcionales para el cliente final.

Referencias

AECOSAN (2014). *Norma general de etiquetado.* Obtenido de https://www.aesan.gob.es/AECOSAN/web/seguridad_alimentaria/subdetalle/norma_general_etiquetado.htm

AENOR (2001). *Envases y embalajes. Requisitos de los envases y embalajes valorizables mediante compostaje y biodegradación. Programa de ensayo y criterios de evaluación para la aceptación final del envase o embalaje.* Madrid, España.

AENOR (2002). *Etiquetas ecológicas y declaraciones ambientales. Principios generales. (ISO 14020:2000).* Madrid, España.

AENOR (2017). *Etiquetas y declaraciones ambientales. Afirmaciones ambientales autodeclaradas (Etiquetado ambiental tipo II). (ISO 14021:2016).* Madrid, España.

Comisión Europea (enero de 2011). *BOE.* Obtenido de https://www.boe.es/doue/2011/012/L00001-00089.pdf

Council of the European Union. (6 de October de 2021). *Preparation for the Unitad Nations Framework on Climate Change meetings - Council Conclusions.* Obtenido de https://data.consilium.europa.eu/doc/document/ST-12594-2021-INIT/en/pdf

Etiquetas y declaraciones ambientales. *Etiquetado ambiental Tipo I. Principios y procedimientos. (ISO 14024:2018).* (2018). Madrid, España.

Gala, A., & Fullana, P. (2016). *Diagnosis ambiental y ecoetiquetas.* Ecoembes.

Ministerio de Relaciones con las Cortes y de la Secretaría del Gobierno. (16 de marzo de 1990). *BOE.* Obtenido de https://www.boe.es/buscar/doc.php?id=BOE-A-1990-7739

Ministerio de Sanidad. (17 de junio de 2011). *BOE.* Obtenido de https://www.boe.es/buscar/doc.php?id=BOE-A-2011-11827

Parlamento Europeo. (25 de octubre de 2011). *BOE.* Obtenido de https://www.boe.es/doue/2011/304/L00018-00063.pdf

Parlamento Europeo y Consejo. (29 de abril de 2004). *BOE.* Obtenido de https://www.boe.es/buscar/doc.php?id=DOUE-L-2004-81035

Made in the USA
Monee, IL
04 November 2026

67385935R10144